○ ○ LA MER ○ ○

ET L'HOMME

PAUL BRODARD
IMPRIMEUR
COULOMMIERS

LE NAUFRAGE D'UN GRAND TRANSATLANTIQUE ABORDÉ PAR UN VOILIER.

BIBLIOTHÈQUE DES ÉCOLES ET DES FAMILLES

○ DANIEL BELLET ○

LA MER ET L'HOMME

OUVRAGE ILLUSTRÉ DE 140 GRAVURES

LIBRAIRIE HACHETTE ET CIE

79, B^D SAINT-GERMAIN, PARIS, 79

1913

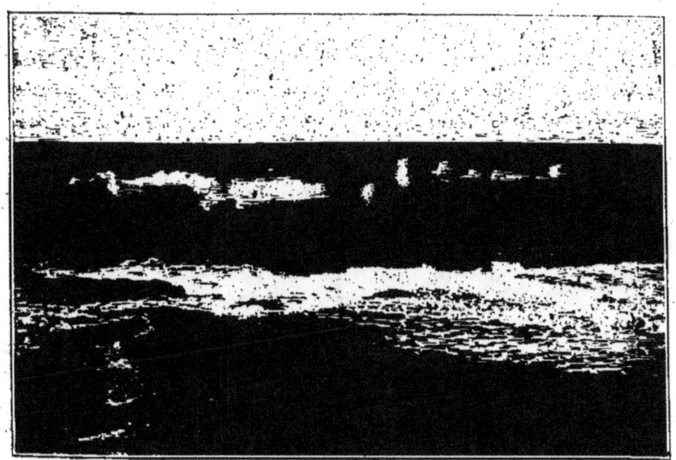

CHAPITRE PREMIER

UN COUP D'ŒIL SUR LA MER

o o o

Il n'y a plus guère personne aujourd'hui, même parmi les très jeunes gens, qui n'ait eu l'occasion de voir la mer; les voyages se font, à notre époque, avec une si grande facilité, on a tellement pris l'habitude d'aller, pendant la période des vacances, sur une des nombreuses plages de nos côtes de France, que chacun a pu au moins une fois contempler l'immensité de cette nappe d'eau qui, tantôt bleue, tantôt verte, tantôt houleuse et limoneuse, surprend tant ceux qui ne l'ont jamais vue. Parfois cette connaissance de la mer se bornera à quelques jours seulement passés sur son rivage ou dans quelque port de commerce; mais parfois ce sera pendant un ou deux mois, que grandes personnes et enfants iront respirer l'air salin, s'ébattre sur la plage, sur le sable si propice aux jeux des tout petits, ou jouir du spectacle des vagues se brisant sur les rochers.

Il ne suffit pas cependant, pour connaître la mer, pour apprécier à sa valeur ce que nous lui devons, ce qu'elle renferme, ce qu'elle nous donne, les services qu'elle nous rend, de s'être promené le long de la plage, d'avoir erré en curieux sur les quais d'un port, d'avoir assisté à l'arrivée d'un de ces énormes vapeurs sur lesquels l'homme ose s'aventurer à travers l'Océan. Parmi ceux qui se sont amusés à laisser le flot venir mourir à leurs pieds, sur le sable du rivage, parmi ceux-là mêmes qui ont profité de la mer basse pour visiter les rochers à sec, avec leur végétation, leur flore, leur faune, combien y en a-t-il qui ne se sont point rendu compte de ce qu'est la mer!

La mer ne constitue pas seulement un admirable spectacle par tous les temps et à toutes les heures, aussi bien quand elle est calme que quand elle est rendue furieuse par le vent, par la tempête, et que, lançant en l'air son écume, elle bondit en formant des lames gigantesques. C'est pour nous une bienfaitrice, un réservoir inépuisable de ressources de toutes espèces ; c'est une collaboratrice pour nos voyages, notre commerce, la satisfaction de nos besoins les plus divers : à condition que nous sachions la dompter, utiliser sa puissance, pénétrer ses profondeurs, parcourir sa vaste étendue sur des navires à voiles ou à vapeur, qui pratiquent la pêche ou qui transportent voyageurs et marchandises.

En toutes ces matières, combien sont ignorants, et qui se figurent savoir! combien n'y a-t-il pas encore à dire davantage à ceux qui n'ont guère voyagé, afin de faire naître en eux le désir de voir la mer, de la connaître sous tous ses aspects, de la pratiquer, d'essayer quelque jour la navigation, comme marins ou comme passagers. Au fur et à mesure qu'on fait mieux connaissance avec la mer, on arrive à l'aimer et à l'admirer, on prend souvent le goût de la parcourir, on se rend compte que ce n'est pas un obstacle jeté entre les peuples pour leurs communications, mais au contraire une voie pour ainsi dire plus facile entre eux.

Tout est surprenant dans la mer, aussi bien son aspect essentiellement changeant, suivant le temps, suivant aussi qu'elle est calme ou agitée, que l'eau qui la constitue et les mouvements divers dont est animée cette eau. Quand vous irez sur la plage ou sur quelque rocher encore entouré d'eau, penchez-vous et prenez dans le creux de votre main un peu de cette eau qui, parfois, est transparente comme si elle était bonne à boire ; mais si vous la portez à vos lèvres, vous lui trouverez une saveur fort désagréable, qui vous la fera rejeter aussitôt. C'est que, en dépit des innombrables fleuves qui s'y jettent, même dans le voisinage d'un cours d'eau, la mer n'est point de l'eau douce. Le tribut que lui apportent constamment ces cours d'eau constitue une goutte qui se perd dans l'énorme masse des océans baignant les diverses parties de notre monde. Il n'est guère possible d'évaluer, même grossièrement, le volume d'eau contenu dans les mers du globe. Et cela d'autant moins que la profondeur de ces mers est des plus variables ; sur bien des points, elle n'est que de quelques mètres, tandis que sur d'autres elle peut atteindre des kilomètres et des kilomètres. Du moins a-t-on pu évaluer de façon à peu près précise sa superficie exprimée en kilomètres carrés : cette superficie est d'un peu plus de 390 millions de kilomètres. Mais comme pareille surface ne dit pas grand'chose à l'esprit, ajoutons que cela correspond à peu près aux trois quarts de la superficie de notre globe : les terres émergées représentent une surface trois fois plus faible que les mers. L'énorme masse d'eau salée (comme on dit avec raison, puisqu'elle contient des sels, et en particulier le sel dont nous assaisonnons nos aliments) conserve toujours sa salure de façon à peu près régulière, bien que des variations se présentent suivant les diverses mers que l'on considère. Cette salure est causée par une quantité prodigieuse de produits chimiques qui se sont trouvés déposés au fond des mers par suite des phénomènes extraordinaires survenus jadis, quand la terre a pris la forme que nous lui connaissons maintenant, avec sa répartition de terres hors de l'eau et de mers couvrant les parties plus basses du sol. Sans doute, le soleil rayonnant à la surface des eaux pompe l'eau de la mer comme l'eau des fleuves, il la fait évaporer. Mais ce phénomène d'évaporation ne s'exerce que sur l'eau même, et non sur les sels qu'elle contient; et c'est ce qui fait que les mers conservent leur salure. Cette eau évaporée forme des nuages, qui vont ensuite crever sur les continents et particulièrement dans les régions montagneuses; c'est donc l'eau de mer qui donne naissance aux torrents des montagnes, qui alimente les cours d'eau revenant à la mer même, pour l'entretenir et l'empêcher de se dessécher.

Il serait un peu fastidieux d'énumérer les diverses substances que la mer contient, dissoutes dans son eau. Pourtant cela ne manquerait pas d'intérêt, puisque les anciens savaient seulement de l'eau de mer qu'elle est impropre à la boisson. Diverses analyses chimiques, qui datent de 1747, ont été faites par Lavoisier. Depuis lors, elles se sont étonnamment multipliées, et l'on a analysé aussi bien l'eau des grandes profondeurs que l'eau de la surface. Dans cette eau de mer on trouve tout d'abord le sel marin, qui est le sel de cuisine, de son nom savant chlorure de sodium; mais on y trouve aussi bien d'autres matières, telles que de la magnésie, ou tout au moins des sels de magnésie, chlorure de magnésium, sulfate de magnésie, sels contenant des substances que les pharmaciens vendent comme purgatifs et que tout le monde connaît; puis de l'ammoniaque, matière qui pique violemment le nez quand on la respire et qui sert notamment à détacher les vêtements; de la chaux, sous la forme de carbonate de chaux; un peu d'iode, ce médicament si connu également; de l'oxyde de fer, parfois du soufre, des sels de sodium, etc... A lui seul, le chlorure de sodium représente les quatre cinquièmes environ des sels dissous dans les mers.

D'ailleurs, comme nous le faisions remarquer, en dépit des communications généralement faciles qui se font entre les diverses mers, toutes ne sont pas également salées. L'océan Indien, par exemple, contient 33 gr. 4 de sels divers par litre d'eau; dans l'océan Pacifique, la proportion est de 34,9, et dans l'océan Atlantique de 35,4. La salure ou salinité si élevée de l'océan Atlantique est d'autant plus curieuse que cette mer reçoit les grands fleuves du monde, le Saint-Laurent, le Mississipi, l'Orénoque, l'Amazone, la Plata, le Congo, sans parler des fleuves européens. Avec une pareille composition, il n'y a pas à s'étonner que le goût de l'eau de la mer ne soit pas exquis, et que celle-ci constitue un vrai purgatif. Aussi n'est-ce point comme boisson qu'elle peut nous être utile, mais en bien d'autres choses. Pendant des siècles et des siècles, et encore maintenant, mais dans des proportions plus réduites, la mer nous a fourni ce chlorure de sodium, ce sel marin si précieux pour l'assaisonnement de nos aliments, la conservation d'une foule de poissons et de denrées, du lard, des choux formant la choucroute, la préparation de salaisons de toutes sortes. Le sel marin est tiré de l'eau de mer, que l'on introduit dans des bassins de très peu de profondeur, ce qu'on appelle les marais salants sur le littoral français de l'Océan, ou dans les bassins spéciaux des salins du Midi de la France et du littoral de la Méditerranée. Quand l'eau s'est évaporée, le chlorure de sodium, accompagné des divers sels que nous avons indiqués comme entrant dans la composition de l'eau de mer, se recueille sous forme de cristaux dans le fond des bassins. Le sel marin contient par conséquent autre chose que du chlorure de sodium, et c'est pour cela qu'il n'a pas tout à fait le même goût et surtout la même action que le sel de mine. Il a vraiment des qualités particulières. Ainsi, dès notre premier contact avec la mer, nous nous apercevons qu'elle est susceptible de fournir à nos besoins un condiment et un assaisonnement indispensable à notre vie matérielle.

Il ne faut pas s'étonner si l'eau de mer, qui renferme tant de substances étrangères, n'a pas la limpidité de l'eau des rivières et de celle qui remplit nos carafes. Sa coloration et sa transparence sont variables suivant les pays, suivant les côtes où on la voit, et aussi suivant l'état du ciel. Non seulement, en effet, les nuages se réfléchissent sur la nappe liquide, mais cette eau constamment en mouvement soulève la terre et le sable qui forment le fond, et ces parcelles donnent une partie de leur coloration à la mer. Si bien que tandis que l'eau de la mer du Nord, qui baigne les côtes des Flandres, est le plus souvent d'un beau vert tendre, au contraire l'eau de la Méditerranée est d'un bleu sombre admirable et surprenant pour qui ne l'a pas encore vu. D'ailleurs, le nom de certaines mers, comme la mer Jaune, la mer Rouge, est bien caractéristique de leur couleur générale. Cette eau vert clair ou vert foncé, bleu sombre ou parfois jaunâtre, surtout après une tempête, se présente le plus souvent sur des épaisseurs énormes, le lit de la mer offrant des profondeurs effrayantes dont on ne se doutait pas autrefois. D'ailleurs, les continents semblent bien minuscules à qui regarde un atlas, au milieu de cette masse d'eau, surtout dans l'hémisphère austral; les terres y sont comme perdues, c'est même ce qui fait en partie l'intérêt qu'il y a pour nous de savoir tirer parti de ces immenses étendues d'eau et de les traverser. Ce qui donne encore une majesté à toutes

LA MER VUE LA NUIT.

les mers, ou à la mer tout court, c'est que d'un côté à l'autre d'une même nappe liquide se trouvent des contrées séparées par des milliers et des milliers de lieues, distances qu'il faudrait quarante et cinquante jours pour franchir à l'allure ordinaire. Et entre ces contrées l'eau de mer s'est accumulée en masses prodigieuses, en inondant des vallées prodigieusement profondes, dans le creux desquelles pourraient disparaître les plus hautes montagnes.

Rien de tout cela ne paraît à l'œil, parce que tout est recouvert d'une nappe d'eau uniforme, et que l'eau est trop opaque pour nous laisser voir les vallées et les montagnes marines.

Mais il était intéressant, nécessaire même pour l'homme, s'il voulait se livrer notamment à la navigation, de connaître ces dénivellations, de savoir où se trouvent les rochers sur lesquels pourraient aller se jeter les bateaux auxquels il se confie. Et c'est pour cela que, depuis longtemps, surtout depuis qu'on possède des appareils perfectionnés, on a procédé à des sondages pour reconnaître les profondeurs de la mer sur différents points. Les plus simples des instruments que l'on emploie, de ces sondes, sont des cordes portant à leur extrémité inférieure un gros morceau de plomb qui descend jusqu'à ce qu'il vienne reposer sur le fond ; on sait alors quelle longueur de corde il a fallu dévider avant que le plomb s'arrête, et l'on sait par conséquent la profondeur de l'eau en ce point. Souvent d'ailleurs, on enduit le plomb de suif, pour qu'il rapporte avec lui des parties du sous-sol renseignant sur la nature de ce terrain immergé. Il y a beaucoup d'instruments plus perfectionnés où l'on utilise un fil d'acier d'une résistance extraordinaire, pour les profondeurs exceptionnelles dont nous allons parler. Il faut un poids extrêmement pesant pour entraîner le fil, et pour que la sonde traverse toute la masse d'eau qu'elle rencontre ; et l'acier seul peut supporter ce poids ; certains appareils inscrivent tout seuls la profondeur à laquelle descend la sonde, la hauteur d'eau. En multipliant ces sondages, on arrive à connaître quelque peu le fond des océans, à en dresser des cartes, avec les montagnes et les vallées dont nous parlions. Le travail ne va pas très vite, la surface des mers étant immense, et en réalité, les sondages ne sont encore un peu complets que dans le voisinage des côtes, là où les profondeurs sont beaucoup moindres.

En moyenne, et le plus souvent, en dehors, encore une fois, du voisinage des rivages, les mers ont toujours au moins de 2 000 à 3 000 mètres de profondeur. Mais sur une multitude d'endroits on trouve des profondeurs de 5 000, 6 000, 7 000 et même 8 000 mètres. A l'heure actuelle, on connaît quelques fosses sous-marines, où cette profondeur de 8 000 mètres est dépassée. Aux environs de Porto-Rico, la sonde a révélé une profondeur de 8 344 mètres. Au sud du Pacifique, aux environs des îles Kermadec, on a trouvé une profondeur de 9 427 mètres ; et, sans parler des autres, signalons la plus grande fosse connue et tout récemment découverte, ce qu'on appelle la Fosse Philippine, où l'eau présente une hauteur formidable de 9 780 mètres. Pour les très faibles profondeurs, on peut faire connaissance plus parfaitement avec le fond de la mer en mettant à contribution les appareils qu'on appelle les scaphandres, qui permettent à l'homme de s'enfoncer sous l'eau et d'y respirer ; et aussi ces bateaux sous-marins qui descendent à une quarantaine de mètres.

La mer ne se contente pas de posséder des vallées et des montagnes. Elle a aussi ses fleuves. Nous ne parlons pas des cours d'eau qui se jettent de toutes parts en descendant des continents, nous voulons simplement dire qu'il ne faut pas s'imaginer que la masse d'eau constituant les océans demeure continuellement immobile dans la cuvette gigantesque que lui offre la nature. D'un point à un autre des mers, il se produit ce qu'on appelle les courants : l'eau se déplace suivant une direction donnée, toujours la même. Ces courants ont été étudiés parce qu'ils étaient utiles à connaître à toutes sortes d'égards, notamment pour la navigation ; un savant américain leur a donné le nom pittoresque et vrai de « fleuves de la mer ».

Sans doute, l'eau se déplace-t-elle sous l'influence du vent, et sous l'influence de ces marées dont nous parlerons tout à l'heure ; mais les courants proprement dits sont indépendants de tout cela : ils résultent de différences de température qui se produisent dans les diverses parties des mers du globe, sous l'action du soleil. L'eau de la mer, en effet, présente des différences très sensibles suivant l'endroit où on l'étudie. Aussi bien, d'une manière générale, l'eau, par les grandes profondeurs, est-elle beaucoup plus froide qu'à la surface ; par contre, les différences entre les diverses mers d'ordinaire sont peu sensibles ; les mers fermées, de faible étendue, sont pourtant plus chaudes que les grands océans. Dans la région des tropiques, la température de l'eau de la mer est essentiellement différente de celle des pôles et des mers glacées. Dans le voisinage des terres, la température moyenne de la surface de la mer se rapproche beaucoup plus qu'ailleurs de celle de l'air. Toujours est-il que la chaleur et le froid produisent, dans la masse d'eau de la mer, des mouvements analogues à ceux qui se font dans une marmite ou dans une chaudière que l'on chauffe, et l'eau chaude monte à la surface, tandis que l'eau froide descend.

Des courants chauds et des courants froids s'établissent donc dans les océans : le plus considérable des courants chauds est celui qu'on appelle du nom anglais de Gulf-Stream, ou courant du Golfe, parce qu'il semble prendre naissance dans le golfe du Mexique, mer excessivement chaude qui se trouve en grande partie sous les tropiques. Le Gulf-Stream forme comme un fleuve immense, ayant souvent 60 kilomètres de large, qui sort de la mer du Mexique, gagne l'Atlantique, passe près des côtes anglaises et d'une partie du littoral breton de la France, laissant une chaleur humide qui donne à ces régions un climat particulier. Ce courant a une teinte bleuâtre que l'on retrouve pendant des lieues et des lieues, et qui ne se confond pas avec la teinte verdâtre de l'Atlantique : il remonte dans le nord de l'Europe, rencontre les eaux froides qui descendent du pôle, mais continue encore, quoique refroidi, à attiédir l'Islande et la Norvège ; c'est lui qui active la fusion des glaçons, des icebergs descendant des mers glacées. Il rend des services précieux à la vie des habitants des pays qu'il vient attiédir ainsi. Il y a bien d'autres courants chauds, comme celui qui prend sa source dans l'océan Indien et gagne le sud de l'Afrique. Il y a aussi les courants froids, qui viennent ramener l'eau pour qu'elle se réchauffe sous les rayons solaires et emporte ensuite de la chaleur de divers côtés. Quand on navigue principalement à la voile, alors que la force motrice du bateau est assez faible, il est nécessaire de connaître la direction de ces courants pour les utiliser et se faire porter vers le point qu'on désire atteindre. A certains courants froids sont dus aussi les énormes masses de glace, les icebergs, dont nous parlions à l'instant, qui sillonnent dangereusement les parages de Terre-Neuve, par exemple, et causent de terribles naufrages comme celui du *Titanic*.

Nous venons de faire connaissance avec un des phénomènes les plus curieux que nous offrent les océans. Souhaitons que cela puisse donner à nos lecteurs le désir de les connaître davantage. Aussi bien peuvent-ils faire connaissance avec une grande variété de mers et d'aspects, de paysages marins, rien qu'en suivant le littoral de la France, depuis le nord jusqu'à l'Espagne, et de l'Espagne encore jusqu'au commencement du rivage italien. Ce seront d'abord des dunes, régnant en maîtresses sur d'immenses plages sablonneuses, les monticules de sable fin qu'elles forment étant, le plus souvent à l'heure actuelle, plantés de pins. Plus au sud-ouest, vers le Tréport, commencera la région des falaises et des rochers, interrompue de temps à autre par des rives sablonneuses ou des accumulations de galets. Ce n'est pas encore le vrai littoral rocheux, que l'on rencontre presque tout autour de la presqu'île de Bretagne, avec ses récifs terribles, ses énormes et admirables blocs de granit ou de schiste, auxquels la mer livre un assaut. Au sud de l'embouchure de la Loire, viennent des côtes autrement hospitalières et abordables, mais autrement moins pittoresques; puis c'est la côte des Landes, avec ses immenses étendues de sable plantées de pins. Si l'on passe enfin sur le littoral méditerranéen, un changement brusque se produira aux yeux, un nouveau spectacle fait surtout d'élégance et de couleurs vives : sous l'éblouissement de l'azur, la mer bleue se brisant sur les roches rouges.

CHAPITRE II

LES VENTS ET LES MARÉES

o   o   o

AU-DESSUS des courants d'eau, au-dessus de la surface de la mer, il existe des courants aériens, des vents plus ou moins réguliers, qui résultent de l'échauffement de l'air, tout comme les courants marins résultent de l'échauffement de l'eau. C'est, sur une échelle immense, la reproduction de ce qui se passe dans une pièce chauffée, où l'air chaud monte et cherche à s'échapper, tandis que de l'air froid rentre par le bas des portes ou des fenêtres. Il est curieux de constater que beaucoup de ces vents marins se produisent à certaines époques de l'année, et soufflent dans une direction connue et toujours la même. Par exemple, les vents alizés soufflent du nord au sud, et inversement, entre les deux tropiques. La direction de ces vents alizés change avec les saisons. Il y a aussi les vents contre-alizés qui, théoriquement, soufflent du sud au nord : la direction principale de leur marche est donc de l'équateur vers le pôle. Des cartes ont été dressées qui indiquent la direction de ces vents. Le navire à voile connaît ces courants aériens, surtout depuis les beaux travaux de Maury, et en profitent pour voguer dans la direction voulue plus vite qu'ils ne le feraient autrement. Dans le Pacifique, principalement dans la mer des Indes, il se manifeste une régularité curieuse dans la direction des vents : pendant une moitié de l'année, telle région sera visitée par des vents venant du nord-ouest; puis, après quelques jours pendant lesquels le temps sera troublé, la mousson (comme on dit) changera, et les vents se mettront à souffler régulièrement du sud-ouest; c'est le moment du renversement de la mousson, époque pendant laquelle se produisent des tempêtes terribles.

Cependant, il ne faudrait pas croire qu'il ne souffle sur mer que des vents réguliers, auxquels on n'aurait qu'à se confier pour gagner tel ou tel point, des vents dont on connaîtrait la direction. Les vents qui soufflent sur les continents prennent souvent naissance sur la mer, pour des causes que la science n'a pas pu encore pénétrer. Tantôt ce sera une faible brise, ou bien une forte brise, suivant les désignations maritimes; tantôt un grand vent, une tempête même, qui sera redoutable pour le navigateur aux environs des côtes surtout, la violence de ce vent pouvant pousser les navires sur les rochers qui bordent si fréquemment le littoral. Fort heureusement, les progrès de la science et de la construction maritime ont diminué considérablement les risques que courait autrefois la navigation, surtout à voile, quand elle se trouvait aux prises avec une tempête. Le navire à vapeur a la ressource de reprendre le large, où il ne risquera pas d'être jeté à la côte. Une simple comparaison fera comprendre la rapidité, et par conséquent la puissance formidable que peut avoir un vent de tempête, se déplaçant à une allure de 40 mètres à la seconde, ce qui revient à 145 kilomètres à l'heure, alors que les trains à grande vitesse ne dépassent guère, même dans des parties exceptionnelles de leur parcours, une allure de 100 à 110 kilomètres à l'heure. On a du reste pu constater des vents d'ouragan qui ont une vitesse de plus de 200 et 220 kilomètres. Bien entendu, ce sont des vents exceptionnels, que l'on n'a guère chance de rencontrer quand on part pour un voyage sur mer. D'ailleurs, un bateau actuel, bien construit, y résiste généralement d'une façon victorieuse. L'homme apprend à dompter les colères des éléments, des vents comme de l'eau, grâce à la science; mais avec la mer, il a eu une lourde tâche, parce que les deux éléments se trouvaient réunis contre lui.

Dès que le vent souffle et se déplace à une allure un peu rapide, il forme à la surface de la mer ce qu'on nomme des vagues ou parfois des lames. Quiconque ne connaît pas la mer, peut, sous des proportions absolument réduites, se figurer ce que sont ces ondula-tions de la surface de l'eau, en considérant ce qui se passe sur un

lac ou sur un grand étang quand le vent y souffle violemment. Il
frotte sur la surface de l'eau, il tend à soulever le liquide, tout
comme il soulèverait de la terre, de la poussière, sur les routes, et
il crée ainsi les vagues. Celles-ci sont minuscules sur un étang,
parce que l'étendue d'eau est très faible; de même, la hauteur en
sera réduite dans une baie marine dont la surface ne sera qu'assez
modeste. Mais on comprend qu'il en puisse être autrement sur
l'immense étendue des mers : soulevant l'eau pendant des dizaines,

Cl. E.-J. Mortimier.

LA MER PAR LA TEMPÊTE.

des centaines, des milliers de kilomètres, le vent forme parfois des
vagues qui ont une hauteur de 6, 12, 15 mètres même, et certains
navigateurs affirment en avoir rencontré ayant 20 mètres de haut.
Les bateaux que l'on construit maintenant sont en général en état
de résister à l'assaut de ces masses d'eau formidables; tout au
moins le pont peut être balayé par les vagues, le bateau continuera
de flotter et poursuivra sa route sans subir d'avaries graves. Nous
avons prononcé le mot de lames : on confond souvent la lame avec
la vague, et ce n'est pas tout à fait la même chose. Il arrive un
moment où, pour une raison ou pour une autre, le plus ordinairement quand la profondeur d'eau diminue, ou bien quand la
vague a pris une très grande hauteur, ou encore quand elle
rencontre d'autres vagues devant elle qui ne courent pas assez
vite, la lame d'eau verticale couronnée d'écume qu'elle forme,
s'abat en avant : c'est la lame qui déferle. Il y a aussi une autre
sorte d'agitation de la mer, qui se produit quand, le vent ayant

cessé depuis un certain temps, la masse de l'eau demeure agitée et monte brusquement, puis descend, en soulevant et en abaissant alternativement le navire qui flotte à sa surface : c'est la houle, qui est particulièrement fatigante pour les estomacs susceptibles, et qui provoque chez beaucoup de personnes une indisposition très pénible que l'on nomme du mot caractéristique de mal de mer.

Les colères de la mer, comme on dit parfois pittoresquement, sont terribles ; elle s'attaque à tout ce qui se trouve sur son passage et s'oppose à son mouvement. Tantôt ce sera le navire sur lequel la vague viendra se briser ; tantôt ce sera le rivage, les rochers, les falaises, contre lesquels l'eau rejaillira à des hauteurs formidables. On a vu, pendant des tempêtes, des vagues soulever des blocs de rocher et les lancer à 30 ou 32 mètres au-dessus du niveau de l'eau. Dans bien des cas, le sommet de certains phares se dressant à 40 mètres au-dessus de ce niveau, est couvert par ce que l'on appelle les embruns de la vague. Les jetées, les digues que nous construisons soit pour défendre les terres basses contre l'envahissement des eaux, soit pour protéger l'entrée des ports, les brise-lames (bien nommés), en dépit des massifs de maçonnerie énormes dont on les constitue, sont souvent éventrés par les lames ; celles-ci déplacent, soulèvent par conséquent des blocs représentant des milliers de kilos. Ce sont souvent les fureurs de la mer qui obligent l'homme à multiplier les travaux maritimes, pour arrêter les vagues, diminuer leur violence, ou fournir aux navires un abri contre la tempête. La violence même des vagues fait la difficulté d'une partie des constructions et des travaux de toutes sortes qui forment les ports maritimes.

La puissance formidable des vagues et des lames expose la coque des navires aux plus rudes épreuves. On a vu de ces masses d'eau énormes passer par-dessus ce qu'on appelle la chambre et la passerelle de navigation, qui se trouvent au-dessus des ponts supérieurs dans les plus grands transatlantiques modernes. La passerelle est à au moins 24 mètres au-dessus du niveau ordinaire de l'eau. On a calculé que, en pareille circonstance, c'est un poids de 4 000 tonnes d'eau qui s'élance à l'assaut du navire et retombe sur son pont.

Il est une chose qui ne peut manquer de frapper quiconque va passer quelques heures au bord de la mer, quelque chose de plus curieux que ces vagues et ces lames qui se forment et se reforment sans cesse : ce sont les oscillations de la marée. Vous arrivez, et, si la mer est haute, suivant l'expression consacrée, vous la voyez couvrant la plage et venant déferler à vos pieds. Attendez cependant un instant, et vous aurez la surprise d'assister au recul progressif de l'eau ; elle ne baisse point d'un mouvement régulier, les vagues se suivent et montent tantôt plus haut, tantôt moins haut sur le rivage ; mais au bout d'une demi-heure, à plus forte raison au bout d'une

DEUX ASPECTS DE LA LAME DÉFERLANT.

heure ou de deux, vous serez tout étonné de constater que la mer a
fui, et que partout autour de vous ce qui était tout à l'heure recouvert d'une épaisse nappe d'eau est maintenant presque complètement à sec; on voit apparaître toute une végétation dont on n'avait
pas l'idée, et dans les petites mares pleines d'eau que laisse le reflux,
grouillent mille êtres vivants, poissons minuscules, coquillages,
qui font pressentir quelle source de richesse la mer peut être pour
l'homme. Le mouvement du reflux ou jusant dure six heures à peu

LE MASCARET A L'EMBOUCHURE D'UN FLEUVE.

près; après quoi, la mer cesse de baisser, c'est le moment de l'étale,
comme on dit encore, et la mer demeure un certain temps au niveau
où elle s'est abaissée. Mais voici que le phénomène inverse va se
produire : c'est le flux ou flot, la mer monte, et elle va de nouveau
recouvrir toute l'étendue d'où vous l'aviez vue peu à peu se retirer.
La montée se fera pendant un peu plus de six heures, tout comme
la descente, jusqu'à ce qu'il se produise l'étale, jusqu'à ce que l'eau,
à son point le plus haut, demeure un instant immobile. Le phénomène du reflux recommencera ensuite, puis celui du flux, et ainsi de
suite, de jour en jour, de mois en mois, d'année en année.

Ces oscillations quotidiennes, de douze heures environ, ce double
mouvement alternatif est dû à l'attraction du soleil et de la lune,
principalement à l'influence de cette dernière. Quand la planète est
perpendiculaire au-dessus des eaux, en un point donné des mers, elle
attire ces eaux à elle et les oblige de s'élever jusqu'à une certaine
hauteur : c'est le flux. Après le passage de la lune au méridien, et au
fur et à mesure qu'elle s'éloigne, les eaux s'étalent sous l'influence

de leur propre poids, ce qui nous donne le jusant. Elle sera basse
quand le jusant aura fini de se faire sentir. Comme de juste, les
marées sont plus fortes quand la lune est plus près de la terre, et
aussi à l'époque de la nouvelle et de la pleine lune, lorsque le soleil
et la lune sont en conjonction ou en opposition : alors, l'effet simul-
tané de leur attraction se fait sentir. Les fortes marées intéressent
particulièrement les pêcheurs, tout comme les mouvements de la
navigation. Si les marées ne sont pas toutes également fortes, c'est
que la hauteur de l'eau varie suivant ce qu'on appelle les déclinai-
sons de la lune et du soleil, la distance de ces astres à la terre. Non
seulement le phénomène de la marée ne se fait pas sentir simultanément partout, et se produit à des heures différentes, d'après les
lieux, et au fur et à mesure du déplacement de la lune; mais encore,
suivant les divers points des côtes, suivant les mers où l'on se
trouve, leur profondeur, leur étendue, les oscillations de la nappe
d'eau sont plus ou moins intenses. Les deux hautes mers et les deux
basses mers dont nous avons parlé tout à l'heure se produisent,
durant le jour lunaire, entre deux passages de la lune au méridien
du point où l'on se trouve, ce qui correspond à une durée moyenne
de vingt-quatre heures cinquante minutes cinq secondes.

On peut dire sans exagération que c'est un des plaisirs du bord
de la mer que de suivre l'oscillation des marées, de les voir se
produire plus ou moins fortes suivant l'époque du mois, et nous
offrir les merveilles du monde sous-marin. Aussi à ce point de vue,
l'Océan est-il autrement intéressant que la Méditerranée, où les
oscillations de la marée sont à peine perceptibles, à cause notamment de la faible étendue de cette mer intérieure. Au contraire, dans
le golfe du mont Saint-Michel, et sur bien des points des côtes
bretonnes, la dénivellation produite par la marée correspond à une
hauteur de 12, 14 et 15 mètres, ce qui met à sec des étendues
énormes et fait émerger tout un monde végétal et animal.

TROUPEAU DE PETITES BALEINES VENUES A LA CÔTE.

CHAPITRE III

LES PLANTES ET LES ANIMAUX MARINS

o o o

Nous parlions tout à l'heure des flaques qui demeurent pleines d'eau à marée basse, sur la plage ou au pied des rochers, et où croît toute une végétation, abritant d'innombrables petits êtres vivants. Ce sont des plantes bizarres, des varechs, des fucus, des algues, qui forment comme des prairies marines, vivent, nagent, sautent; des animaux de toutes espèces : crevettes au corps transparent, qui bondissent et échappent aux doigts les plus agiles; petits poissons qui se réfugient dans le creux des roches, sous des pierres, à l'abri des varechs; des crabes qui marchent de côté et tentent de vous pincer quand vous avancez la main pour les capturer. La végétation et les animaux, autrement dit la flore et la faune marines, se rencontrent surtout là où il y a des rochers; c'est sur les rochers que peuvent prendre racine ces prairies sous-marines qui souvent fournissent aux animaux vivants une partie de leur nourriture, en leur donnant tout au moins des abris. Fréquemment, les rochers sont recouverts de coquillages qui s'y fixent et y passent leur vie, trouvant leur nourriture dans l'eau que leur apporte la marée montante.

Les plages de sable, elles aussi, si nombreuses sur tant de côtes, cachent des existences innombrables : petits animaux qui s'enlisent dans le sable lorsqu'ils se voient à sec, et qui ressortiront quand la mer remontera. A parler très exactement, c'est surtout sur ce qu'on nomme l'estran que vous trouverez une partie des coquillages que vous pourrez capturer. L'estran est, en effet, cette portion du littoral qui se couvre et se découvre à chaque marée. La plage est au contraire, si l'on veut être tout à fait exact, la portion de la côte qui n'est envahie que dans des circonstances exceptionnelles, quand la mer monte très haut dans les grandes marées. D'ailleurs, même sur la grève, sur le terrain du bord de la mer qui demeure continuellement à sec, vous auriez bien des découvertes à faire; une partie de la faune marine s'y rencontre assez fréquemment.

C'est surtout dans les fonds de faible profondeur que les algues marines abondent. Et quand la mer est particulièrement transparente, soit sur certains rivages, soit dans certaines conditions atmosphériques, c'est un spectacle curieux de voir ces algues s'agiter au fond

AU MILIEU DE LA FAUNE SOUS-MARINE.

de l'eau. Elles portent des noms divers, suivant les régions : en Bretagne, ce sera le *goémon*; sur le littoral de la Vendée, de la Charente-Inférieure, ce sera le *sart*. Quand la mer se retire, lorsque les varechs sont à sec, ils s'entassent piteusement les uns sur les autres au lieu de flotter dans l'eau. Souvent, la mer en jette à la côte des quantités formidables, et il est des régions où les cultivateurs les recueillent, viennent les chercher sur la plage dans les charrettes; parfois même, montés dans des canots, des cultivateurs à demi marins vont faucher ces herbes des prairies marines et les rapportent à la côte. On en tire un véritable engrais, on en fait du fumier en les laissant se décomposer à sec; on brûle aussi ces varechs pour en extraire de la soude, de la potasse, de l'iode. Les *zoostères*, comme on appelle certaines espèces particulières de varechs, servent, quand ils ont été soigneusement séchés à l'air et au soleil, à faire des matelas à bon marché.

Quelques espèces de fucus étaient autrefois consommées couramment, surtout dans les pays pauvres, en Irlande, en Bretagne, même vers le sud-ouest de la France. Qu'on ne s'étonne pas trop de cette cuisine étrange, en songeant que les fameux nids d'hirondelles, que les Chinois apprécient tant, sont faits de varechs, que les hirondelles salanganes vont recueillir dans la mer pour s'en construire leur nid. Il y a une autre plante marine qui, toutefois, ne pousse pas dans l'eau même, mais le long de la mer, et qu'on appelle la *criste marine*, qui entre également dans l'alimentation : on la fait confire dans du vinaigre, comme les cornichons, et l'on s'en sert comme assaisonnement.

Les formes et variétés des varechs sont infinies. Parfois, ce sont de petits feuillages colorés en rouge, en violet, délicats et élégants. Parfois, au contraire, comme c'est le cas pour le *fucus saccharius*, ou baudrier de Neptune, qu'on appelle aussi laminaire sucrée, les feuilles ont la largeur de la main, et, fréquemment, 3 mètres de long; certaines populations de nos côtes les mangeaient après les avoir fait cuire sur le gril. Il y a aussi, entre autres curiosités, le *fucus crepitans* : ce qui lui vaut ce nom latin caractéristique, c'est que ses feuilles présentent des sortes de vésicules, qui permettent à la plante de flotter, et qui craquent avec un bruit tout à fait curieux quand on appuie dessus, soit avec les doigts, soit avec le pied.

Mais la faune de la mer est pour nous beaucoup plus intéressante, et surtout autrement utile que la flore. C'est principalement dans les creux des rochers qui n'arrivent jamais à être à sec, qui ne découvrent pas, dans les fonds sous-marins que l'eau ne quitte point, qu'on trouve les habitants de la mer en plus grand nombre; la plupart d'entre eux sont faits pour vivre continuellement dans l'eau, n'ont pas l'heureuse faculté de pouvoir vivre aussi bien dans l'air

UN COUP D'ŒIL AU FOND DE L'EAU.

LA VIE MARINE A 3000 MÈTRES DE PROFONDEUR.

que dans l'eau, comme le crabe que nous voyions tout à l'heure courir sur le sable à mer basse. Déjà, dans les flaques d'eau que la mer laisse en se retirant, nous avions rencontré toute une petite faune marine, mais ce n'est point là les véritables régions que fréquentent les poissons et les mollusques, auxquels les habitants des côtes font une chasse acharnée. L'homme peut, à la rigueur, pénétrer les mystères du monde marin en mettant à contribution ce curieux appareil qu'on appelle le scaphandre, qui lui permet de demeurer sous l'eau un certain temps et de recevoir de la surface l'air comprimé nécessaire à sa respiration. Le plus souvent pourtant, c'est aux ustensiles de pêche, aux filets de formes diverses, aux pièges de toute espèce, qu'il recourt pour capturer les poissons, les crustacés, recueillir les mollusques, les coquillages, grâce auxquels il satisfait une partie de ses besoins alimentaires.

En fait, la faune marine comprend la faune littorale, composée des êtres qui vivent le long des côtes, jusqu'à une profondeur de quelques centaines de mètres seulement; c'est ensuite la faune pélagique, comprenant les animaux qui vivent au large, les puissants nageurs qui n'ont pas besoin des abris du littoral. Enfin, il y a la faune « abyssale », formée des espèces qui préfèrent les grandes profondeurs, faune avec laquelle on n'a fait connaissance que relativement depuis bien peu de temps, grâce aux sondages à grande profondeur.

C'est la faune pélagique et la faune littorale qui fournissent à notre alimentation, qui font l'objet de ce qu'on nomme la pêche maritime, pêche en bateau ou pêche à pied. Aussi bien, dans la faune pélagique ou littorale, il y a la fameuse pieuvre, le calmar, la seiche, qui n'entrent guère dans l'alimentation, mais qu'il est assez facile de recueillir quand le mauvais temps les jette à la côte et au sec. Cette faune comprend aussi des êtres curieux, que l'on considère comme des animaux, mais qui

Cl. Grayer.

UNE PIEUVRE.

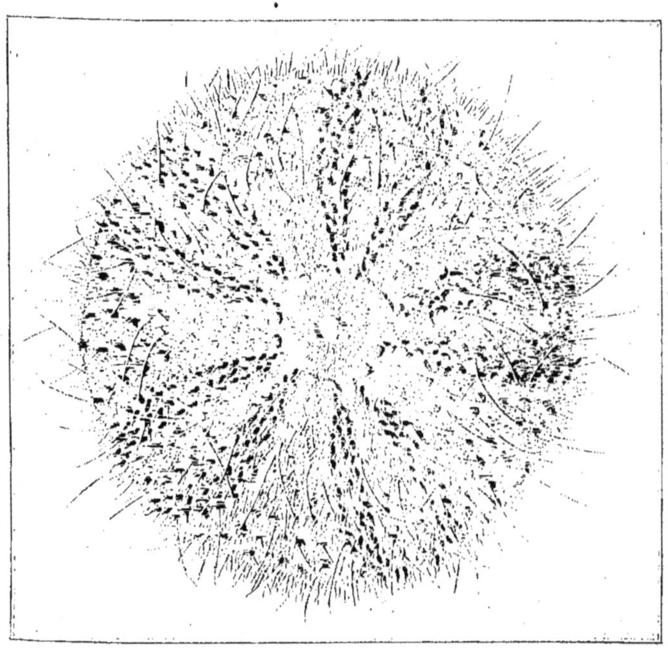

UN OURSIN PEU ORDINAIRE.
Communiqué par S. A. S. le Prince de Monaco.

ressemblent étrangement à des plantes, fixés qu'ils sont sur les rochers sans en pouvoir bouger. Tel est le cas des coraux, des polypiers, des anémones de mer, etc.

Par les grandes marées, on a souvent, à mer basse, la bonne fortune d'en découvrir sur les rochers mis à sec. La grande famille des coquillages est innombrable, qu'il s'agisse des huîtres, qui donnent lieu à une industrie si considérable sur les côtes de France, ou tout simplement des patelles, des oursins, des clovisses, des coquilles de Saint-Jacques, des moules, et de tant d'autres qui entrent dans notre alimentation, tout comme les crustacés : homard, langouste, crabes, crevettes, etc. Encore ne faudrait-il pas oublier d'autres produits de la faune marine, comme les éponges, qui ne se rencontrent, il est vrai, que dans certaines régions. Il faudrait également parler des perles fines, que fournit une espèce particulière d'huître.

Pour ce qui est de la faune abyssale, on a commencé à s'occuper de son existence il y a plus d'un demi-siècle : c'est un pharmacien et un professeur tout à la fois, Risso, de Nice, qui, le premier, avait remarqué quelques exemplaires de poissons inconnus; ils avaient été remontés de grandes profondeurs par les engins des pêcheurs niçois. À cette époque, on croyait que la mer était absolument déserte à ses grandes profondeurs, et même après la découverte de Risso, on estimait qu'il s'agissait là d'espèces très peu répandues. Tout au contraire, les abîmes sous-marins renferment un monde vivant. Et ce qui a permis d'en reconnaître l'existence, d'en remonter à la surface des exemplaires bien curieux par leur forme, leur apparence, leurs organes de vision, de respiration; c'est une série d'explorations océanographiques faites pendant ces dernières années. Plusieurs savants s'y sont consacrés, notamment le prince de Monaco. Il a fallu, pour ces explorations, imaginer toute une série d'instruments absolument spéciaux, machines à sonder, filets extraordinairement fins pour recueillir des animalcules infiniment petits, grands filets de résistance particulière, pendus au bout de câbles en acier d'une solidité à toute épreuve, et que l'on descend souvent à des profondeurs de 4 000 et 5 000 mètres, pour être remontés ensuite avec rapidité, afin que l'on puisse saisir les animaux qui nagent à grande profondeur, ou qui vivent sur le fond même.

On a remonté des animaux vivants, même des poissons, de profondeurs atteignant près de 6 000 mètres. Naturellement, l'existence de ces êtres est extrêmement différente de celle de leurs congénères qui vivent dans les eaux superficielles. La pression est énorme, à ces profondeurs énormes elles-mêmes, mais les êtres que l'on y trouve sont adaptés à ces conditions spéciales d'existence, et quand on en remonte des spécimens à la surface, on les voit, sous l'influence de la diminution brusque de pression, perdre leurs écailles; leurs tissus se détachent souvent par lambeau, leur ventre se ballonne par une distension intérieure, les viscères leur sortent par la bouche, etc. Ce sont les nécessités de cette existence par les grands fonds qui donnent aux poissons abyssaux leurs formes curieuses et sans pareilles.

Bien entendu, même par ces grandes profondeurs, il y a toujours de l'oxygène dans l'eau, oxygène nécessaire à la respiration de tous ces animaux. Et tout au moins jusque vers 1 500 ou 1 600 mètres, l'obscurité n'est pas complète, il pénètre certaines parties du spectre lumineux; c'est seulement plus loin que les êtres vivants n'ont plus besoin d'organes de vision, puisqu'il n'y a plus de lumière. Mais, par ces grands fonds, il y a un assez grand nombre d'êtres qui sont lumineux, phosphorescents, que la nature a munis d'organes qui sont comme de petits projecteurs éclairant leur route et la chasse qu'ils font aux autres animaux pour s'en nourrir. De nombreux poissons des grandes profondeurs ont des yeux de dimensions énormes, qui font saillie en dehors des orbites. Disons enfin que fréquemment les espèces abyssales ont des bouches de grande ouverture, parfois des dents formant des crocs formidables : cela contribue à donner à ces poissons une allure saisissante.

Sans les instruments dont nous parlions tout à l'heure, sans les filets qui descendent à 4 000 ou 5 000 mètres au bout de leur câble d'acier, nous n'aurions guère de chance de faire connaissance avec les poissons abyssaux, alors que, tout au contraire, des êtres marins comme la baleine, les cachalots, qui vivent au large, à grande distance des côtes, viennent quelquefois se jeter d'eux-mêmes sur le rivage, où il nous est possible de les observer tout à loisir. C'est d'ailleurs, le plus souvent, dans un but tout à fait utilitaire que les hommes poursuivent ces êtres marins, et pratiquent cette industrie des pêches qui met à profit les richesses que renferme la mer.

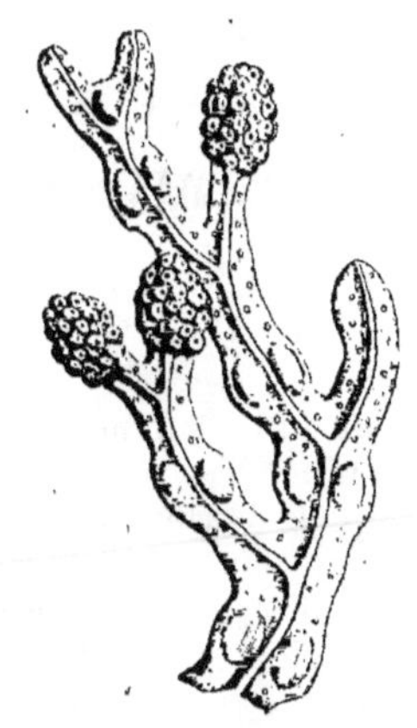

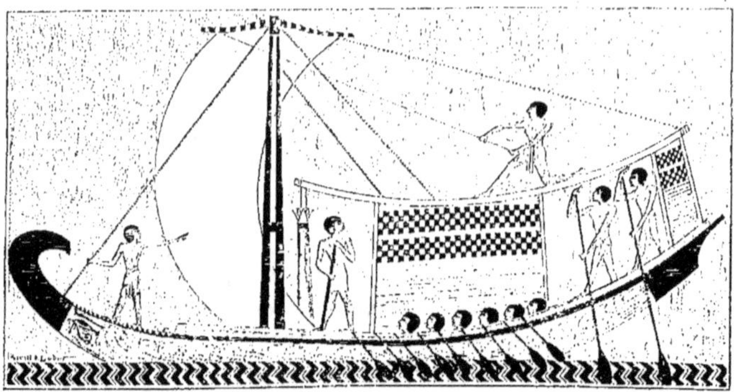

CHAPITRE IV

LES PREMIERS NAVIGATEURS

o   o   o

Lorsque, d'un point du littoral français, nous regardons la vaste étendue d'eau que forme l'océan Atlantique, dont on n'aperçoit point l'autre rive, et au delà de laquelle, se trouve soit l'Angleterre, soit à une distance formidable, les États-Unis, nous sommes assez volontiers tentés de nous dire que la mer est bien gênante pour les communications d'un pays à l'autre. Assurément, nos jambes ici sont bien inutiles; et nous serions demeurés à jamais sans relations avec les peuples vivant sur un autre continent ou sur quelque territoire insulaire, si nous n'avions pas trouvé un moyen de flotter sur l'eau et de nous déplacer à sa surface. Si le premier navigateur n'avait pas inventé le premier bateau, nous serions les uns et les autres restés dans l'isolement, et nous aurions accusé la nature d'avoir fait mal les choses, en mettant entre les hommes des espaces si difficiles à franchir. Mais il ne faut pas trop se fier aux apparences, il faut réfléchir avant de se plaindre de cette nature bienfaisante, qui nous a donné les richesses marines que nous embrassions tout à l'heure d'un coup d'œil rapide. Et quels que soient les dangers de la navigation, surtout avec les bateaux primitifs, on n'a pas eu besoin d'attendre la construction des grands transatlantiques modernes pour s'apercevoir que les mers constituent de grands chemins ouverts à tous : chemins qui ne nécessitent aucun entretien, sauf les travaux des ports et l'aménagement, l'éclairage du littoral. Au lieu de gêner les relations d'un pays à l'autre, la mer les facilite grandement. Mais pour être à même d'utiliser cette voie de communication, il a fallu que le génie de l'homme crée le bateau et y apporte peu à peu les améliorations et les transformations auxquelles nous devons les navires géants qui parcourent les mers à toute vitesse.

Les premiers bateaux dont on a fait usage ne ressemblaient que de fort loin à ceux que nous employons maintenant, même au plus simple, au plus primitif, et au plus petit. Bien que l'on ignore absolument qui a eu le premier l'idée audacieuse de se lancer sur l'eau, il est certain que cette idée est venue en voyant flotter un tronc d'arbre à la surface de l'eau. D'antiques traditions, de vieux textes rapportant ces traditions, racontent comment un téméraire osa s'accrocher à un tronc d'arbre et se laisser emporter par le vent et le courant jusqu'à ce qu'il abordât à un autre rivage. Cette façon de naviguer à cheval, pour ainsi dire, sur un tronc d'arbre n'était pas bien commode, assurément ; et pourtant, on la retrouve encore quelque peu chez les populations primitives qui ne possèdent aucun type de bateau proprement dit. Un perfectionnement considérable, et sans doute assez facile, fut réalisé quand on eut l'idée de réunir plusieurs troncs au moyen de liens faits probablement d'écorce d'arbre ou de cordes grossières : c'étaient des radeaux, un peu analogues à ceux qu'on voit passer sur les canaux de navigation intérieure, et qui ont seulement pour but de transporter des pièces de bois en les faisant flotter. Les radeaux sont encore employés fréquemment par les populations qui habitent les bords du lac Tchad, au centre de l'Afrique, fréquemment aussi pour le transport des marchandises sur des fleuves comme le Tigre et l'Euphrate, en Asie Mineure. Ces radeaux peuvent rendre des services, et ils en ont beaucoup rendu, même à la mer, bien qu'on y soit peu à l'abri des vagues et des embruns. Mais les esprits, curieux de savoir ce qu'il y avait de l'autre côté de la nappe d'eau qui s'étendait devant eux, n'hésitaient pas à se lancer sur un esquif aussi peu sûr, en s'aidant comme ils le pouvaient de quelques planches grossières taillées à plat, sorte de rames leur permettant de se diriger tant bien que mal, et même d'activer un peu le déplacement du radeau. Tout naturellement, dans ces débuts de la navigation, on a dû d'abord ne se hasarder qu'à des distances assez faibles. Puis, peu à peu, on songea à tirer parti du vent, en lui offrant une surface sur laquelle il put agir. On installa sur le radeau une voile, formée d'un morceau de tissu ou d'une peau de bœuf, attachés à un morceau de bois qui jouait le rôle de mât et soutenait la voile de manière que le vent s'engouffrât dedans et poussât le radeau. Des inscriptions trouvées sur des vieux monuments, des peintures et des gravures, des textes anciens, nous renseignent sur ces bateaux primitifs et sur leurs voiles en peau de bœuf. En somme, la navigation était découverte, et les beaux voiliers qui existent encore à l'heure actuelle sont tout simplement les résultats de cette découverte, de cette tentative audacieuse, des descendants des radeaux primitifs.

Comme l'homme cherche toujours à perfectionner ce qu'il a inventé, grâce à son esprit même d'invention ; comme les premiers voyages faits à bord de ces radeaux avaient excité une plus grande curiosité encore chez ceux qui s'étaient déjà livrés à quelque voyage en mer ; les radeaux furent remplacés par de véritables bateaux, qui offraient plus de sécurité et plus de confort, qui pouvaient marcher plus vite, à cause même de leur forme, et aussi parce qu'on manœuvrait plus facilement les avirons, que la voile ou les voiles étaient mieux disposées. Les premiers bateaux proprement dits dont on se servit furent certainement de gros troncs d'arbres que l'on creusa pour leur donner une forme rappelant quelque peu celle de nos canots actuels. Les navigateurs primitifs étaient d'autant plus désireux de perfectionner les moyens de navigation, d'avoir la possibilité de se lancer plus facilement et plus souvent sur les flots, que, par des traversées antérieures, ils avaient appris que l'on atteignait ainsi des pays nouveaux, où il poussait des plantes inconnues, où l'on pouvait se procurer des richesses de toutes sortes, inconnues elles-mêmes, en les échangeant contre les produits de leur propre pays. Ces échanges, ces transports de marchandises entre pays différents, ce furent les débuts du commerce maritime. Et c'est encore ce à quoi servent les navires, si rapides et si sûrs, qui fréquentent les immenses ports maritimes du monde, y apportant des marchandises de toutes sortes pour en emporter d'autres produits à destination des contrées lointaines. Les peuples de l'antiquité, bien qu'ils fussent fort loin de notre civilisation, du bien-être de l'existence d'aujourd'hui, avaient compris qu'ils avaient avantage à se livrer à ces échanges, à ce commerce. A coup sûr, les navires qui parcouraient la mer étaient bien peu nombreux par rapport à ceux qui circulent maintenant sur les océans ; ils étaient étrangement plus petits, ne pouvaient porter que des cargaisons minimes, au lieu des montagnes de marchandises dont se chargent nos bateaux. Néanmoins, le commerce maritime se développa de plus en plus, parce que ceux qui s'y livraient, qui osaient affronter les flots, aller au loin sur un frêle esquif, trouvaient leur bénéfice à transporter d'une contrée à l'autre des produits qu'ils se faisaient payer cher, et qu'ils apportaient là où l'on en avait d'autant plus envie qu'ils étaient plus rares.

Tous les peuples qui se sont trouvés vivre au bord de la mer ont eu le désir logique de s'aventurer à sa surface, pour voir un peu ce qu'il y avait de l'autre côté, pour établir des relations commerciales avec les gens dont ils étaient séparés par la vaste nappe d'eau. C'est ainsi que les Égyptiens de la vieille Égypte, plusieurs milliers d'années avant Jésus-Christ, avaient appris à construire des navires de taille relativement grande, qu'ils employaient également aux batailles navales, puisque l'homme a toujours aimé la destruction. Mais les embarcations étaient précieuses surtout au point de vue du commerce. Ce ne sont pas positivement les Égyptiens mêmes qui armaient, comme on dit, qui montaient ces navires et en formaient l'équipage; c'étaient des populations arabes, qui naviguaient pour leur compte, et qui

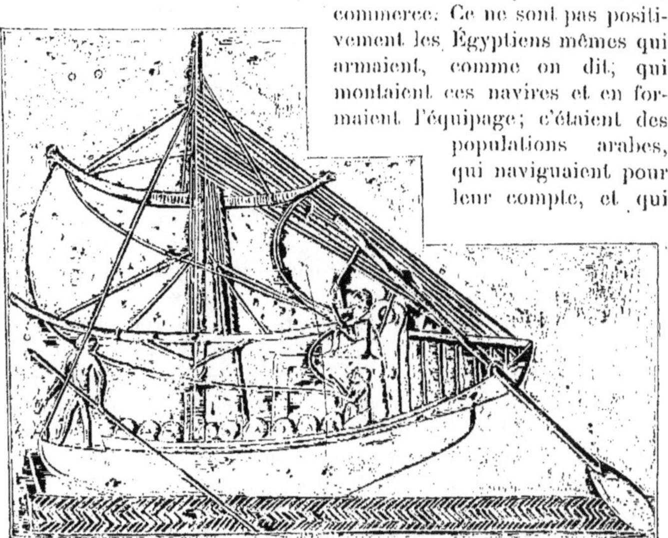

apportaient sur ces bateaux des produits divers, des objets de luxe venant des contrées lointaines; des étoffes magnifiquement teintes, des vases émaillés, etc. Les auteurs anciens ont laissé des descriptions du mode de construction de ces bateaux, qui ne rappelait, comme de juste, que d'assez loin, les méthodes que l'on suit sur les chantiers modernes; il est vrai que ces procédés ressemblaient considérablement à la façon de faire actuelle de bien des peuples primitifs. Les navires égyptiens étaient faits de planches de sapin fixées au moyen de clous ou de chevilles sur des carcasses, des charpentes de cèdre (bois très résistant qui ne risquait pas de pourrir dans l'eau). Le déplacement, la propulsion du bateau étaient assurés le plus ordinairement au début par des rameurs, manœuvrant ces sortes de longues pelles de bois qu'on appelle des avirons, et qui servent toujours pour nos petites embarcations, autant qu'on ne les dote point d'un moteur à pétrole. On utilisait aussi, à bord de ces anciens bateaux égyptiens, la force du vent, au moyen de voiles carrés d'étoffe que gonflait ce vent. Fréquemment, les voiles étaient faites non point d'étoffe, mais de bandes d'écorce de papyrus, plante donnant une espèce de papier où écrivaient les Égyptiens. Leurs navires ne marchaient pas à une allure bien rapide; ils faisaient peut-être 6 à 7 kilomètres à l'heure, mais, si lente que soit cette marche, par rapport à la vitesse de nos grands navires à vapeur, il faut se rappeler qu'à l'heure présente les voiliers ne dépassent pas beaucoup cette allure. Au surplus, à cette époque, on n'était pas pressé comme nous le sommes et, pour plus de sécurité, les navigateurs longeaient d'assez près les côtes afin de pouvoir se mettre en sûreté en cas de mauvais temps, en tirant leur bateau sur la plage: aussi bien ne savaient-ils guère se diriger à travers l'immensité des flots.

A la vérité, les Égyptiens ne furent jamais des marins remarquables, tout au contraire d'une population qu'ils mirent à contribution constamment pour aller chercher au loin les produits dont ils avaient besoin ou désir. Nous voulons parler des Phéniciens, remarquables par leur habileté comme commerçants, par leur audace comme marins; ils n'hésitèrent point à traverser toute la Méditerranée, dans les sens les plus divers, à se hasarder même sur les côtes d'Afrique très loin dans l'ouest et dans le sud, à se lancer à la découverte de nouveaux pays, avec lesquels on pût échanger des marchandises. Cette navigation des Phéniciens, ce commerce maritime d'une population industrieuse avaient commencé de prendre un développement assez réel, alors même qu'on ne savait fabriquer que ces radeaux dont nous parlions tout à l'heure. Sur la côte d'Asie Mineure, qui correspond aujourd'hui à la Syrie, les Phéniciens avaient des flottes de radeaux, avec lesquels ils avaient parcouru une bonne partie de la Méditerranée. Mais, par suite même de leur hardiesse, de leur esprit commercial, de leur ingéniosité, ils ne devaient point tarder à apporter des améliorations à ces bateaux primitifs, ou plutôt ils allaient transformer les radeaux en bateaux s'élevant à une certaine hauteur au-dessus de l'eau, susceptibles par conséquent de mettre à l'abri de la mer et l'équipage et la cargaison.

Sans doute, on a pu aisément constater que le bois est plus léger que l'eau; c'est pour cela qu'il ne coule pas, qu'il flotte; il semblait donc naturel de l'employer à faire des bateaux. Et jusqu'au milieu du xixᵉ siècle, c'est toujours en bois que l'on a continué de construire les coques de navires. Mais les Phéniciens se sont dit qu'il valait mieux creuser le bois avant de le mettre dans l'eau : on obtient de la sorte quelque chose de bien plus léger encore qu'un morceau de bois plein; par conséquent, il s'enfoncera beaucoup moins que le tronc d'arbre que l'on aurait fait flotter tel quel. C'est

le vide plein d'air qui est ainsi à l'intérieur de cette boîte qui lui
permet de flotter plus facilement; c'est d'ailleurs le principe qui
permet les coques de métal, fer ou acier, que nous employons à
peu près exclusivement dans la navigation maritime moderne. Avec
ces coques métalliques, boîtes creuses qui flottent admirablement
tant que l'eau ne peut y pénétrer, on se trouve en présence de cette

UN NAVIRE AU TEMPS DES PHÉNICIENS.

bizarrerie que le bateau flotte, bien que le métal dont est fait la
paroi, la carène, soit plus lourd que l'eau.

Il semble très vraisemblable d'admettre que ce sont les Phéniciens qui ont eu cette idée de faire des bateaux creux. Et il est
probable que les Égyptiens, qui demeurèrent si longtemps de piètres
marins, apprirent des Phéniciens mêmes à assembler, à clouer des
planches sur d'autres morceaux de bois formant la carcasse, et à
constituer de la sorte ces espèces de caisses pointues des deux
bouts, qui devinrent de vrais bateaux rappelant un peu ceux qu'on
voit actuellement dans nos ports. Ces bateaux et ceux des Phéniciens étaient d'ailleurs plats de fond; ce qui permettait de les
ramener plus facilement sur la plage, le soir, après chaque journée
de navigation, alors qu'on n'osait pas trop se hasarder à naviguer
de nuit. Grâce aux bateaux relativement perfectionnés dont ils
disposaient, les Phéniciens allèrent fonder des colonies maritimes
et des comptoirs commerciaux un peu dans tous les coins de la
Méditerranée. Ce sont eux qui fondèrent la colonie de Carthage,
elle qui devait donner naissance à un peuple commerçant si remar-

quable. Ils allèrent à Gadès, c'est-à-dire à Cadix, la ville actuelle d'Espagne. Ils visitèrent les côtes de la Gaule, les Sorlingues, et probablement l'Irlande. On croit pouvoir affirmer qu'ils accomplirent le tour de l'Afrique par mer, pour le compte d'ailleurs des Égyptiens, en doublant ce fameux cap de Bonne-Espérance qui ne portait pas encore, bien entendu, ce nom, et qui ne devait être découvert que bien des siècles plus tard, par les Portugais, qui s'imaginaient que personne avant eux n'était jamais venu si loin dans le sud. Avec des navires qui sembleraient des coquilles de noix auprès des bateaux entreprenant maintenant cette navigation au long cours, les intrépides navigateurs qu'étaient les Phéniciens n'hésitaient pas à se hasarder à des voyages si périlleux.

Les Phéniciens devaient être continués de la façon la plus brillante, la plus audacieuse, par les Carthaginois, qui, à partir de l'an 800 avant Jésus-Christ, lancèrent de multiples navires sur la Méditerranée, accomplirent de véritables merveilles, par rapport aux moyens de navigation dont on disposait. Et un d'entre eux, Hannon, qui refit une partie du tour de l'Afrique, alla certainement jusque dans le golfe de Guinée, établissant des relations commerciales entre les peuplades de ces côtes et Carthage.

Un peu plus tard, profitant des leçons qui leur étaient données par les Phéniciens, les populations grecques se mirent elles aussi à parcourir la Méditerranée, à multiplier les navires de commerce en les perfectionnant quelque peu, à aller de toutes parts établir des relations commerciales, des comptoirs, des colonies. La ville d'Athènes, par exemple, possédait trois ports d'où partaient et arrivaient de véritables lignes de navigation, transportant des marchandises de toutes sortes, en provenance ou à destination de la Grèce. Les navigateurs ou commerçants grecs fréquentaient toutes les côtes de l'Asie Mineure, l'île de Rhodes, Chypre, l'Égypte, l'Afrique du Nord, la Sicile, l'Italie Méridionale; ce sont ces navigateurs et commerçants qui vinrent fonder Phocée; c'est-à-dire qu'ils créèrent un établissement là où plus tard devait prospérer Marseille. Il est probable même que ces navigateurs allèrent jusque vers l'Islande, qu'ils nommaient Thulé. A peu près vers la même époque, il existait vers le nord de l'Italie, où se trouve actuellement Florence, la population des Étrusques, qui étaient à la fois des industriels, des agriculteurs, et aussi des commerçants, et des navigateurs parcourant toute la Méditerranée.

Étant de grands navigateurs, de grands commerçants, doublés de conquérants maritimes, les Grecs n'avaient pu manquer de perfectionner le type de bateau existant. Ils avaient inventé notamment ce que l'on appela la Birème et la Trirème, bâtiments dans lesquels il y avait trois rangées superposées de rameurs; on n'a pas retrouvé de documents absolument précis sur la construction de

ces bateaux, mais on sait du moins qu'ils étaient particulièrement
bien adaptés aux besoins de la navigation. Le vent est une force
propulsive un peu variable et capricieuse, et l'on avait ainsi
recours à des rameurs multipliés, qui permettaient au navire de
continuer à se déplacer, alors même que le vent venait complètement à manquer. Les Romains, de leur côté, devinrent des navigateurs, mais perfectionnèrent surtout leurs bateaux au point de vue
militaire; ils recoururent constamment aux galères, vaisseaux très
longs et très rapides, où la propulsion était assurée à la fois par
une voilure et de nombreux rameurs disposés comme nous le
disions à l'instant. Ces galères fendaient bien l'eau, marchaient
relativement vite; c'étaient des centaines de rames que manœu-
vraient des hommes placés à l'intérieur du bateau. Les coques
devenaient de plus en plus solides; on dotait le navire de plusieurs
mâts et de plusieurs voiles, ce qui permettait de recevoir une meilleure impulsion du vent et de se déplacer plus rapidement.

On devait conserver pendant des siècles et des siècles quelque
chose du bateau primitif que nous venons de voir imaginer et
perfectionner assez vite. C'est seulement en réalité au XIXe siècle
que des transformations profondes se sont faites dans la navigation
maritime, comme nous allons le dire. Il ne faut pas être ingrat
envers les premiers inventeurs; il faut se rappeler que nous devons
en réalité la navigation, les transports sur mer et tous les avantages
qu'ils nous assurent, au premier homme audacieux qui osa se livrer
à un tronc d'arbre, et à ceux qui lui ont succédé en creusant ce
tronc d'arbre pour en faire le premier canot.

CHAPITRE V

LES PROGRÈS DE LA NAVIGATION PRIMITIVE

o   o   o

Il serait tout à fait hors de propos d'essayer de se rendre compte des progrès de la navigation maritime dans le cours des siècles; d'étudier ou de conter par le menu les hauts faits et les efforts des peuples qui se sont livrés successivement à la navigation et au commerce sur mer, depuis les temps lointains dont nous parlions tout à l'heure. Un livre n'y suffirait point. D'ailleurs, pendant bien des siècles, les perfectionnements n'ont été qu'assez modestes; ils étaient arrêtés surtout par ce fait qu'on avait les plus grandes difficultés à retrouver sa route, à se diriger à la surface de l'eau une fois qu'on s'était éloigné des côtes; et, par suite, les voyages de longue durée étaient presque interdits, à moins de les faire par petites étapes. Sans doute, on apprenait à faire des coques de plus en plus solides; on dotait les bateaux de plusieurs mâts et de plusieurs voiles, ce qui leur permettait de recevoir une meilleure impulsion du vent, et de se déplacer plus vite.

Bien entendu, il n'y avait pas que les peuples habitant les côtes de la Méditerranée qui fussent tentés de recourir à la navigation pour établir des communications avec des régions plus ou moins lointaines. Et de même que les Chinois possédaient depuis des siècles des bateaux spéciaux appelés des jonques, qui sont restés en usage jusqu'à notre époque; de même, les peuplades du nord de l'Europe montraient elles aussi une grande audace, et contribuaient à faire faire des progrès aux navires de mer. Il s'agit plus particulièrement de ces Scandinaves, des aïeux des Danois, des Norvégiens, qui ont envahi une bonne partie de l'Europe septentrionale, et qui vivaient pour ainsi dire constamment sur l'eau. A la vérité, les Scandinaves ou Northmans employaient plutôt leurs bateaux à aller piller les côtes des pays voisins, qu'à faire classiquement le commerce; mais leurs navires n'en étaient pas moins des mieux compris et des mieux construits, tout en étant de proportions assez modestes. On a découvert d'anciennes coques de bateaux northmans, et l'on a pu constater qu'ils ressemblaient beaucoup aux bateaux à voiles que l'on construit maintenant; et surtout à ceux que l'on emploie encore dans les pays scandinaves, et en particulier en Norvège. Le dessous de la coque est arrondi, l'arrière et l'avant sont appointés et se relèvent; et sur toute la longueur de l'embarcation, en dessous, au milieu du fond, se trouve ce qu'on nomme la quille, sorte de lame en bois qui facilite étrangement la navigation, en empêchant le bateau, sous l'influence du vent, de dériver, c'est-à-dire de se déplacer latéralement. C'est avec des bateaux de cette sorte que les Northmans osèrent remonter jusqu'à Paris, en dévastant les deux rives de la Seine, puis s'installer sur une partie du littoral de la France. Il semble d'ailleurs prouvé que les Scandinaves, avec ces bateaux de dimensions pourtant bien réduites, osèrent affronter l'Atlantique dans sa partie nord, gagner l'Islande, le Groënland, puis, sans doute, le nord de l'Amérique. Ce fut comme la première découverte de l'Amérique avant Christophe Colomb; mais cette découverte fut oubliée, au bout de quelques siècles les relations ayant cessé.

Un progrès considérable s'était fait dans la construction des navires, en ce sens qu'on en était arrivé à ponter les navires, c'est-à-dire à faire que la boîte que constitue une coque fût fermée par en haut. Cela empêchait la mer, les vagues de pénétrer dans son creux. Il va de soi en effet que, si la boîte est pleine d'eau, elle ne flotte plus, elle coule à fond; et le naufrage peut entraîner la mort de l'équipage en même temps que la perte de toutes les marchandises qui sont à bord du bateau. On s'est d'ailleurs aperçu que la manœuvre des avirons était des plus fatigantes et malaisées, au fur et à mesure que les bateaux augmentaient de dimensions; en même temps, on avait reconnu qu'il valait mieux des bateaux plus

UN BATEAU SCANDINAVE.

grands pour offrir un meilleur abri à l'équipage, pour être à même de loger une cargaison plus importante, et gagner davantage dans chaque voyage. On commençait donc à ne plus recourir qu'à la voile ou plutôt aux voiles, puisqu'il y en avait désormais beaucoup à bord d'un seul navire, chaque mât portant maintenant plusieurs carrés de toile de formes diverses. On avait appris à disposer ces voiles au mieux pour que le vent imprimât la plus grande vitesse au bateau. C'était ainsi que vers 1220 ou 1250, on voyait naviguer des *nefs* (comme on les appelait) montées par des matelots de Venise ou des marins de Bretagne, qui s'en allaient au loin, jusque vers Terre-Neuve, ou le long de la côte d'Afrique; ces nefs portaient deux mâts, le plus ordinairement avec une série de voiles, et étaient susceptibles de transporter une grosse masse de marchandises.

Au XIVe siècle, les Normands, descendants des farouches navigateurs que nous avons vus se livrer au pillage des côtes, poussaient leurs voyages commerciaux au loin, découvrant la Guinée et les îles Canaries : c'étaient principalement des Dieppois et des Rouennais qui se livraient à cette navigation si audacieuse pour l'époque. D'autres Européens les suivaient de plus ou moins près. Les guerres continuelles, toujours si nuisibles au commerce, empêchaient qu'on se consacrât à la navigation marchande comme on l'aurait dû ; et les perfectionnements des navires s'appliquaient surtout aux bateaux de guerre. Toutefois ces perfectionnements devaient ensuite permettre fort heureusement de

UNE NEF DU TEMPS DE SAINT LOUIS.

transformer les bateaux de commerce, qui, à une époque aussi peu sûre, étaient obligés d'être toujours quelque peu armés en guerre.

La navigation maritime devait se transformer profondément du fait de l'invention, ou tout au moins de l'adoption de la boussole, appareil curieux dont nous aurons à reparler, et qui a été sans doute imaginé en Chine, puis utilisé par les Arabes, et enfin connu peu à peu de tous les peuples navigateurs. Cette boussole fut perfectionnée par un Italien d'Amalfi; et elle vint permettre aux marins de se guider sur mer avec une sécurité et une certitude nouvelles. En même temps, on inventait l'astrolabe de mer, qui donne le moyen de faire le point, et de trouver au milieu de la mer en quel endroit on se trouve. C'est en mettant à contribution ces inventions qui transformaient la navigation maritime, que les Portugais arrivèrent à descendre dans le sud, à découvrir les îles du Cap Vert, Madère, les Açores. Un peu plus

PETIT MODÈLE D'UNE CARAVELLE.

tard, ils devaient se lancer dans le commerce avec des pays autrement lointains, descendre tout le long de la côte d'Afrique, doubler le cap des Tempêtes, qui devait prendre plus tard le nom de cap de Bonne-Espérance. Et, quelques années après, ils allaient arriver dans l'Inde, en accomplissant une longue et périlleuse navigation à travers la mer des Indes. Ils venaient ainsi faire concurrence aux Vénitiens, qui avaient jusqu'alors assuré les relations commerciales avec l'Orient et notamment avec la Chine, mais simplement en naviguant sur la Méditerranée et en rencontrant en Égypte ou en Asie Mineure des commerçants apportant par terre les produits de l'Orient.

Sans doute, les navires portugais, qui passaient des mois à se rendre ainsi dans les mers lointaines de l'Asie, n'étaient pas de bien grandes dimensions; cependant, ils dépassaient dans leurs proportions ceux que l'on avait eu jusqu'alors coutume d'employer. C'étaient de ces caravelles que nous allons retrouver dans le voyage d'exploration célèbre de Christophe Colomb, et qui pouvaient marcher particulièrement vite parce qu'elles portaient au moins trois mâts, parfois quatre, et plusieurs voiles. C'est avec des caravelles de ce genre, dont plusieurs mêmes n'étaient pas pontées sur toute leur longueur, que Christophe Colomb tenta l'audacieuse entreprise qui devait ajouter une partie nouvelle à notre Monde. Nos lecteurs se rappellent certainement comment le célèbre navigateur gênois, pressentant que la terre était réellement ronde, et connaissant d'ailleurs d'autant mieux la navigation qu'il avait été, pour gagner sa vie, dessinateur de cartes marines, de *portulans*, reçut du roi d'Espagne l'argent nécessaire pour préparer une flottille et armer trois caravelles. C'étaient la *Pinta*, la *Niña* et la *Santa-Maria*. Cette troisième, entièrement pontée, devait le porter en personne. Parties de Palos, ces trois petites caravelles débarquaient seulement, le 13 octobre 1492, leur équipage dans une île qui faisait partie du Nouveau Monde.

Il fallait bien que la navigation maritime se fût perfectionnée pour que, en dépit du mauvais temps, en dépit de la longueur du voyage, des difficultés de toutes sortes, Christophe Colomb pût réussir à cingler constamment dans l'ouest, après avoir fait relâche aux Canaries, et à joindre la terre dont il avait pressenti l'existence. Le grand capitaine et son équipage avaient dû rester deux mois à bord de ces petits bateaux, dont le plus grand, la caravelle *Sainte-Marie*, n'avait guère qu'une trentaine de mètres de long. Assurément, on se lance bien de nos jours dans des voyages aussi prolongés avec des navires de dimension à peu près analogues; mais c'est exceptionnel; et normalement les voiliers ou les vapeurs qui servent à traverser l'Atlantique sont des monstres à côté de cette caravelle.

Lors d'une exposition universelle, tenue aux États-Unis il y a déjà plusieurs années, on a eu l'idée fort originale de construire un bateau à peu près identique (autant qu'on en pouvait juger par les documents qu'on possédait) à la caravelle *Sainte-Marie*; cette reproduction fut envoyée aux États-Unis, et elle se rencontra par suite, dans l'océan Atlantique, avec les énormes bateaux auxquels nous faisions allusion à l'instant. Elle n'avait guère l'air que d'une coquille de noix; et l'on sentait bien à son seul aspect que ce type de bateau devait remonter à bien des siècles antérieurs.

Le fait est que tous les navires de cette époque nous semblent étranges d'aspect, quand nous en regardons des reproductions : ils

LA CARAVELLE RECONSTITUÉE DE CHRISTOPHE COLOMB CROISANT UN TRANSATLANTIQUE.

étaient très relevés à l'avant et à l'arrière, on y trouvait ce qu'on appelait des châteaux, constructions surélevées dont il reste encore un souvenir dans l'aspect des voiliers modernes, dans ce qu'on nomme la dunette, sorte de plate-forme très relevée à l'arrière. Ajoutons même que l'on a gardé, dans bien des constructions maritimes, l'expression de château d'avant, qui ne correspond plus guère à une réalité.

Deux grandes nations maritimes et commerçantes étaient nées : d'une part l'Espagne, de l'autre le Portugal. Mais bien des peuples ne devaient pas tarder à se lancer eux aussi dans ces grands voyages maritimes, pour aller chercher les produits des pays lointains, en leur apportant ce que savait fabriquer ou produire l'Europe. C'est ainsi que les Anglais faisaient leurs débuts dans la navigation transatlantique, en s'en allant sur les côtes qui devaient devenir plus tard les États-Unis. De leur côté, les Français gagnaient les rives du Saint-Laurent, où devait se fonder la colonie du Canada ; les Hollandais créaient de grandes compagnies coloniales, commençaient de devenir les rouliers des mers, comme on les a appelés, et arrivaient un jour à posséder quelque 16 000 navires, faisant le commerce de tous côtés. C'est précisément à cause de l'intensité de leur commerce, qu'ils deviennent, avant les Anglais, les meilleurs constructeurs de navires du Monde. C'est à eux, en très grande partie, que l'on a dû les transformations qui se sont faites dans la construction navale et dans la navigation maritime pendant bien des années.

En dépit de tous les perfectionnements apportés aux bateaux, c'étaient toujours des navires en bois, n'ayant pas plus de 60 à 70 mètres de long, poussés par le vent qui soufflait dans leurs voiles. Vraiment 60 mètres sur l'immensité de la mer, ce n'est rien. Il est pourtant assez difficile, avec la construction en bois, de mener à bien des navires de très grandes dimensions ; car il est malaisé, pour constituer les charpentes de ces navires de bois, de trouver des planches, des poutres dépassant une certaine longueur. Il est très difficile de les joindre, de les relier les unes aux autres, de façon absolument sûre, de manière que la mer ne vienne pas dissocier ces assemblages.

Il ne faut pas oublier d'autre part que, si la voilure avait été un progrès par rapport aux avirons manœuvrés par toute une série d'hommes, le vent a pourtant de graves inconvénients. Il ne souffle pas toujours ; tantôt il est très faible, et l'on n'avance que bien lentement ; tantôt, au contraire, il souffle avec une violence inouïe qui menace d'arracher les voiles si on ne les abaisse, si on ne les amène, suivant le terme marin. Et le navigateur se trouve constamment exposé à un de ces deux inconvénients : ou bien rester des jours et des jours presque sur place, en pleine mer, sans avancer, en voyant diminuer ses approvisionnements, son eau de boisson notamment, la faim et la soif le menacer si le calme continue ; ou bien, au contraire, être ballotté au milieu du vent qui fait rage, qui soulève des vagues hautes comme des maisons, le bateau ne pouvant pas fuir, parce que les voiles sont rentrées de peur que la tempête ne les arrache. Si, d'ailleurs, le vent vient à manquer au moment où le bateau est pris par des courants, il peut être entraîné sur des récifs et se perdre.

C'est pour cela que, dès longtemps, on a cherché un autre moyen de propulser les navires. Et après la navigation à voiles, qui durait depuis des siècles et des siècles, on a vu apparaître la navigation à vapeur, qui fait fortune à l'heure actuelle, qui certes n'a pas fait disparaître complètement le voilier, mais qui s'accuse de jour en jour comme rendant plus de services, permettant plus de rapidité, plus d'économie dans les transports, qu'il s'agisse de marchandises ou de voyageurs.

Sans avoir l'intention ni la possibilité de faire toute l'histoire du navire, nous rappellerons que le bateau à propulsion mécanique, poussé dans l'eau par une roue à aubes, à palettes, a débuté sur l'eau douce.

C'est un Français, le marquis de Jouffroy, qui a tenté la première application de la machine à vapeur à bord d'un bateau, sur la Sâone, en 1781. C'est un Américain, Fulton, qui reprit avec plus de succès les idées de Jouffroy ; il fut obligé de lutter bien longtemps pour faire valoir son invention ; en 1803, il avait lancé sur la Seine un bateau de 33 mètres de long, qui marchait à une vitesse d'une lieue et demie à l'heure, grâce à sa machine à vapeur commandant une roue à aubes. Le gouvernement français, et en particulier Napoléon 1er, ne firent qu'un assez mauvais accueil à Fulton, qui s'en retourna aux États-Unis, où il construisit le *Clermont*, qui avait 50 mètres de long, possédant une machine de 18 chevaux de force, ce qui nous paraît aujourd'hui bien ridiculement faible. La navigation à vapeur était découverte. D'abord, on l'utilisa pour les rivières, les fleuves, la navigation en eau douce ; aussi bien, elle obligea à modifier la forme des navires. Mais, peu à peu, on vit apparaître sur mer, encore timidement, les premiers navires à vapeur.

En 1819, on se hasarda pour la première fois à traverser l'océan Atlantique avec un de ces navires, le *Savannah* : c'est là une date et le nom d'un navire qu'on ne doit pas oublier. Ce vapeur était en réalité un voilier ; mais on avait adjoint une machine à vapeur et des roues au voilier primitif pour l'aider à faire sa traversée plus vite.

Au bout de peu de temps, les avantages précieux de la propulsion par une machine à vapeur furent démontrés ; de là devait sortir l'admirable développement de la navigation à vapeur moderne. C'est à elle presque uniquement que nous devons les progrès et toutes les transformations merveilleuses qui sont venus donner à la navigation une sécurité précieuse, économiser tant de vies humaines, en mettant en grande partie les passagers à l'abri des dangers de la mer, et qui ont permis d'abréger de façon surprenante les traversées.

Il est juste de dire qu'un perfectionnement nouveau et considérable de la navigation à vapeur se réalisa le jour où avec Sauvage, Smith, Ericson, de 1835 à 1838, on commença de remplacer les roues à aubes par l'hélice, pour la propulsion des navires à vapeur. Il a fallu toutefois attendre à peu près notre époque pour voir les roues à aubes, au moins pour les navires faisant de petits voyages le long des côtes, complètement abandonnées au profit de l'hélice. Au reste, ce n'est plus une, mais deux, trois, et quatre hélices que l'on installe maintenant pour propulser les navires modernes.

Nous ne devons pas oublier qu'une transformation fondamentale devait se produire encore, le jour où l'on commença d'employer le métal au lieu du bois pour construire la charpente et la coque des bateaux. On débuta par le fer; puis on songea à l'acier, quand il coûta meilleur marché, étant données ses qualités particulières d'élasticité et de résistance, de légèreté pour une robustesse déterminée. On a aujourd'hui adopté définitivement l'acier, le fer étant abandonné dans la construction navale. C'est en 1851 et en Angleterre, que le premier navire en fer fut lancé; pendant très longtemps encore, on hésita, dans le monde des constructeurs, à employer le métal. C'est seulement à partir de la seconde moitié du XIXe siècle que le fer supplanta rapidement le bois, au moins dans la construction des navires de commerce, pour ne pas parler des bateaux de pêche, où l'on a conservé plus longtemps les anciennes traditions. Enfin, à partir de 1880, les constructions en acier, qui avaient débuté en 1873, firent des progrès très rapides, pour finalement s'imposer à notre époque.

Le navire en métal est bien plus léger que le navire en bois, peut porter, par suite, un chargement beaucoup plus grand, pour des dimensions identiques; et, comme nous le disions, on peut lui donner des proportions énormes, en arrivant à le construire de telle manière qu'il offre la résistance d'un bateau construit en métal homogène. Son seul inconvénient, c'est de laisser la coque, la carène se déchirer plus facilement le long d'un rocher, sous l'influence d'un choc; mais on y remédie en dotant le bateau d'un double fond, de doubles parois, et en le partageant en compartiments étanches.

Nous pourrions dire encore que des progrès se sont faits le jour où l'on a perfectionné la machine à vapeur, la machine marine, comme on appelle cette machine à bord des bateaux. On l'a faite notamment plus puissante, consommant moins de combustible pour accomplir un effort identique. Après les machines à double, à quadruple expansion, on est arrivé à la turbine à vapeur, qui fait merveille aujourd'hui. On est en train de réaliser d'autres améliorations et transformations, en employant les moteurs à pétrole ou plutôt les moteurs à combustion interne, qui tiennent encore moins de place, et dont la consommation est plus économique. Ce sont là des choses sur lesquelles nous ne pouvons insister; mais elles nous emmènent bien loin des premiers navires dont nous parlions dans le chapitre précédent, même du modèle de caravelle de Christophe Colomb!

C'est grâce à ces transformations et aux progrès de la navigation maritime, que le monde possède actuellement près de 110 000 grands navires de commerce : nous faisons abstraction des petits et des bateaux de pêche. Ce sont eux qui établissent à travers les mers des relations suivies entre les différents peuples du monde.

TYPE MODERNE DE GRAND STEAMER.

CHAPITRE VI

LE NAVIRE MODERNE ○ VOILIERS ET VAPEURS

○ ○ ○

Nous avons vu comment se sont faits les progrès de la navigation : progrès qui, d'ailleurs, ont été bien lents, et qui n'ont
pu se faire plus rapides que du jour où un moyen de propulsion
plus perfectionné, plus régulier, plus sûr que le vent, a été mis à
contribution : la vapeur. En réalité, la navigation moderne continue
de faire usage de la voile : tout d'abord et presque exclusivement
pour ce qui est des navires de pêche, qui représentent des flottes
considérables un peu dans tous les pays. C'est seulement depuis
peu d'années qu'on a commencé de mettre à contribution la
machine à vapeur pour la propulsion de ces bateaux. Il est bien
vrai que la navigation à voiles a perdu, depuis trente ou quarante
ans, la plus grande partie de son importance dans ce que l'on appelle
les bateaux de charge, transportant des marchandises, et à plus
forte raison les bateaux à voyageurs, transportant soit des voya-

geurs avec une très faible cargaison, soit toute une multitude de voyageurs et des milliers de tonnes de marchandises.

L'avantage apparent du bateau à voiles, c'est que sa propulsion ne semble rien coûter; on la demande au vent qui agit sur ces voiles; et le vent ne se fait pas payer pour pousser. Il est vrai, rappelons-le, qu'il ne souffle que quand il veut bien; que sa régularité varie de façon extrême, souvent en très peu d'heures; que le calme est aussi à craindre que la tempête. C'est surtout l'irrégularité du vent plutôt que sa violence qui fait que la navigation à voiles a de grands défauts. On est absolument hors d'état de prévoir le moment où l'on arrivera; et cela bien que maintenant on ait fait des études météorologiques sur les courants aériens, que l'on ait beaucoup plus de chances de savoir, à telle époque de l'année, et pour telle direction, si l'on aura bien le vent nécessaire pour se diriger dans cette direction. A notre époque où l'on est toujours pressé, où l'on désire savoir à l'avance le temps de voyage que devra subir une marchandise, à plus forte raison un passager, on n'aime plus se confier à un bateau à voiles. Au surplus, il faut bien s'imaginer que, pour les grands voiliers, la manœuvre et le déplacement du navire coûtent autrement cher qu'on ne se le figurerait au premier abord. C'est qu'en effet les immenses voilures que l'on utilise pour propulser les voiliers modernes nécessitent des dizaines et des dizaines de bras; et ces bras se payent cher; en même temps qu'il faut naturellement les loger, les alimenter. A bord du bateau de pêche, qui reste toujours dans des dimensions assez faibles, cet inconvénient ne se fait pas sentir de façon aussi marquée; d'autant que, pour tendre les lignes, pour jeter à l'eau les filets, pour les ramener hors de l'eau, pour débarrasser les filets du poisson qu'ils contiennent, on a besoin d'un équipage que l'on utilise à la manœuvre de la voilure entre temps. De plus, les bateaux de pêche appartiennent le plus souvent, encore à l'heure actuelle, à de petits patrons qui n'ont pas beaucoup d'argent, et qui n'auraient pas de quoi faire construire un bateau pêcheur à vapeur, dont le prix dépasse considérablement celui d'un voilier : un chalutier à vapeur, par exemple, coûtant facilement trois ou quatre fois le prix d'un chalutier à voiles.

Il suffirait de parcourir les publications officielles du ministère de la Marine ou du ministère du Commerce français, pour se rendre compte que la flotte marchande de la France et sa flotte de pêche comptent parmi elles un nombre respectable de bateaux dotés de la propulsion à voiles. D'ailleurs, l'examen de ces publications, de ces statistiques, révèle l'importance même de la navigation, en montrant le nombre énorme de bateaux qui naviguent sur nos côtes, qui fréquentent nos ports, qui appartiennent à des armateurs français, petits ou grands. Le nombre total des navires français d'une certaine importance, présentant ce qu'on appelle un tonnage un peu sérieux, c'est-à-dire un volume relativement fort, est de 4400 environ ; dans cet ensemble, il y a à peu près 2400 voiliers et seulement un peu plus de 1700 bateaux à vapeur. Ceci pourrait au premier abord surprendre, si l'on se rappelle ce que nous avons dit, que la navigation à voile cède peu à peu le pas à la navigation à vapeur. Le fait est que, dans beaucoup de pays étrangers, la proportion des navires à voiles est plus faible qu'en France. Nous sommes à cet égard quelque peu en retard, étant donnés les avantages des navires à vapeur, leur sécurité, leur rapidité. Il faut dire, au surplus, que, parmi nos 2400 voiliers, nous comptons un nombre extrêmement élevé de bateaux ne faisant qu'une petite navigation côtière à faible distance. Parmi eux, il y en a environ 360 qui font ce qu'on appelle la grande pêche, la pêche au loin, qui vont jusque sur le banc de Terre-Neuve, le long des côtes de l'Islande ; un peu plus de 130 pratiquent d'autres espèces de pêche, tout en présentant des dimensions relativement élevées et un cube par conséquent élevé lui-même, par rapport aux petits bateaux de pêche qui ne sont pas comptés dans le chiffre que nous venons de donner. Ainsi que nous le laissions entendre, la contenance des bateaux est évaluée en tonneaux de jauge. Cela correspond à un cube de 2,83 mètres cubes ; c'est une façon toute spéciale de compter que l'on emploie en marine. Dans le chiffre de plus de 4000 navires importants, représentant l'effectif de la navigation sérieuse en France, il y a donc, comme nous le disions, un peu moins de 1700 bateaux à vapeur, dont 145 bateaux à voyageurs, 200 paquebots environ, le paquebot étant le navire qui fait des voyages réguliers à grande distance, comme ceux qui relient l'Europe à l'Amérique.

Il y a d'autre part environ 420 remorqueurs, de ces bateaux à vapeur qui sont destinés à tirer soit d'autres bateaux à vapeur, soit à plus forte raison des bateaux à voiles, à l'entrée des ports pour faciliter la manœuvre ; ou encore quand le vent est debout, comme on dit, dans la navigation à voiles, et que le bateau à voiles est dans l'impossibilité de suivre le chenal d'entrée ou de sortie du port. Pour la navigation de pêche, elle comprend actuellement un peu moins de 300 bateaux à vapeur qui permettent à la pêche de se faire dans des conditions meilleures de rapidité, de sécurité, et donnent le moyen de rapporter très vite au port, et en bon état, une masse de poissons.

Si nous voulions tenir compte de tous les bateaux que possède la France, même de ceux de 15, de 10, de 5 tonneaux, de 2 tonneaux même (tonneaux de jauge), nous arriverions à un total de 17500 environ. Nous n'avons pas besoin de dire que le bateau de 2 tonneaux, qui a une capacité de deux fois 2,83 mètres cubes, n'est pas

LE VOILIER DE PÊCHE AU LARGE ET AU PORT.

un navire bien important. Cependant, il y a une foule de ces petits bateaux, des milliers et des milliers, qui se livrent à la pêche, généralement sans s'éloigner beaucoup des côtes, il est vrai, sans faire des pêches réellement miraculeuses, parce qu'ils travaillent, comme on dit, c'est-à-dire qu'ils pêchent constamment dans les mêmes régions. Ce sont eux qui composent ces petites flottilles que l'on voit sortir de nos ports et se diriger sur la mer, à faible distance. Bien entendu, ils sont pour ainsi dire uniquement à voiles. Leurs dimensions sont trop faibles pour qu'on installe à leur bord un moteur à vapeur; et ils appartiennent à des pêcheurs trop pauvres pour que cette transformation puisse se réaliser. Nous devons dire pourtant que, dans ces petits bateaux de pêche, de dimensions et de tonnage très modestes, il commence de se faire une transformation intéressante : on les dote d'un moteur tournant, d'un moteur à pétrole, tout en les laissant munis de leur mâture et de leur voilure; mais le petit moteur, qui coûte d'ailleurs assez peu cher, commande une hélice qui permet au bateau de se déplacer, même quand le vent vient à se calmer complètement.

Encore, pour nous rendre compte de la multitude de petits bateaux qui existent sur le littoral français, ne devons-nous pas nous en tenir au chiffre que nous venons de donner. Il y a quelque 17 000 embarcations au-dessous du tonnage de 2 tonneaux; ce sont plutôt des canots, mus soit à la voile, soit à l'aviron. C'est avec eux que l'on va, encore bien plus près de la côte, poser des nasses, des lignes fixes pour pêcher tant bien que mal les poissons, les crustacés divers, les homards, qui vivent tout près de la terre; c'est avec eux également que l'on pêche dans les petites baies, à marée basse, et à l'aide d'appareils assez simples, pour ne se procurer que des pêches assez modestes.

Ces tout petits bateaux; même ceux qui ne jaugent, c'est-à-dire qui ne mesurent qu'un tonnage de 12, 15, 20, 30 tonneaux; ceux qui n'appartiennent qu'à des propriétaires peu fortunés, et qui sont construits suivant les vieilles traditions, en bois, sous des proportions réduites; possèdent une voilure, un dispositif propulsif qui ressemble étrangement à celui qu'on employait il y a déjà plusieurs siècles. Il ne faut pas du reste exagérer les choses; et, sous prétexte que la propulsion à voiles ne donne pas de rapidité, ni de régularité, pas toujours de sécurité, il n'en faut pas moins se rendre compte que l'homme a fait preuve d'une ingéniosité remarquable, en combinant les voilures diverses que l'on utilise à bord des innombrables types de bateaux naviguant soit sur le littoral de la France, soit sur les autres côtes et dans les autres pays.

Pour en donner une idée, nous mettons sous les yeux du lecteur certains types de ces bateaux, par exemple le trois-mâts, la goélette latine, le lougre de pêche, avec des voiles dites *au tiers* (quel-

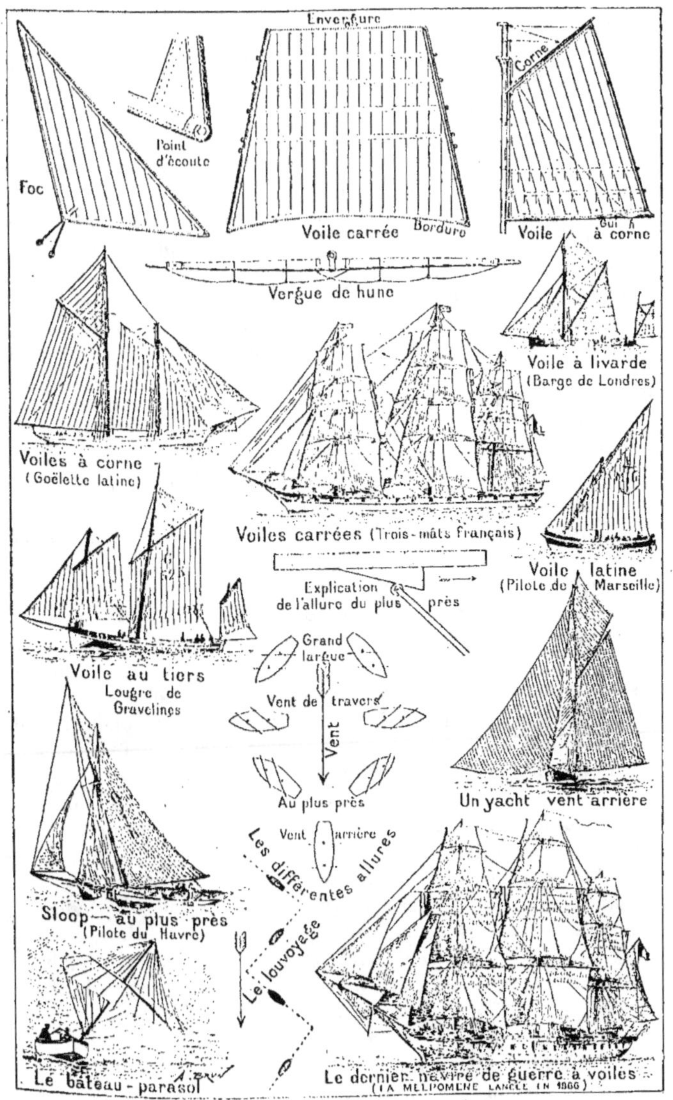

ÉLÉMENTS DE GRÉEMENT DU VOILIER. TYPES DIVERS ET ALLURES.

quefois *auturières*); notre dessinateur a d'ailleurs représenté en détail quelques-unes des voiles que l'on emploie maintenant; aussi bien la voile carrée que la voile à corne, la voile triangulaire que l'on appelle *foc*. Toutes ces combinaisons ont été inventées pour tirer parti au mieux de la force propulsive que donne le vent. Et là où l'ingéniosité s'est montrée surtout, c'est en combinant les choses de telle manière, que le bateau à voiles, quelle que soit presque la direction du vent, soit en état d'avancer dans le sens où il désire se déplacer. Nous avons fait dresser une sorte de petite figure schématique, donnant d'une part la direction supposée du vent, et d'autre part les diverses allures que peut prendre le bateau, sous l'influence de ce vent; avec les directions qu'il suivra en conséquence. On verra que, vent arrière, il marche exactement dans la direction de ce vent, à l'allure du grand largue, il fait avec cette direction un angle de 45° environ; quand il navigue avec vent de travers, il se déplace en faisant un angle droit par rapport à la direction du vent; à l'allure si curieuse et si utile du plus près, il remonte pour ainsi dire contre le vent, ou tout au moins obliquement par rapport au sens où il souffle. Que l'on remarque également l'allure dans laquelle le bateau louvoie; ce louvoyage lui permettant, en traçant des zig-zags, de remonter en dépit du vent qui souffle contre lui; il est vrai qu'il allonge considérablement son parcours.

Nous avons dit que, pour de grands bateaux faisant le commerce, on n'a pas encore renoncé complètement à la propulsion par la voile. Du moins, depuis que la navigation à vapeur a pu être appréciée suivant ses mérites, les constructeurs et les marins se sont efforcés d'améliorer les voiliers autant qu'il était possible, de manière à tirer le meilleur parti des avantages de la puissance du vent, et à diminuer les inconvénients que présente cette navigation à la voile. C'est ainsi qu'on est arrivé à construire des voiliers tout à fait remarquables, autant par leurs grandes dimensions que par leurs installations les mettant à même d'aller plus vite. Ce progrès du voilier avait commencé dès 1820; et il s'est rapidement continué les années suivantes, parce qu'on désirait établir des lignes de navigation régulières, lignes de passagers, entre l'Europe et les États-Unis, pour répondre aux relations commerciales et au mouvement de voyageurs qui se manifestaient déjà. On désirait assurer des traversées transatlantiques périodiques avec des paquebots à voiles. En conséquence, on se mit à construire des voiliers très allongés, portant une voilure d'une surface énorme, qu'on appela des *clippers*, d'un mot anglais qui signifie couper l'eau. Ces voiliers coupaient en effet l'eau grâce à leur vitesse extraordinaire. Des perfectionnements apportés aux clippers permirent d'atteindre des allures extrêmement rapides, en dépit des fantaisies et des caprices du vent. C'est ainsi que, vers 1850, on parvint à faire naviguer de ces bateaux comme le fameux *Great Republic* qui appartenait aux États-Unis et n'avait pas moins de 99 mètres de long. Il pouvait transporter dans ses flancs 5 millions de kilos de marchandises, et franchir en quatorze jours seulement la distance de New-York à Londres. Sans doute, cette allure est-elle étrangement dépassée à l'heure actuelle par les grands paquebots à vapeur dont nous verrons quelques types tout à l'heure ; mais il s'en fallait de beaucoup qu'elle fût alors donnée par les grands steamers que l'on avait mis en essai entre l'Europe et les États-Unis. Au surplus, souvent encore les bateaux de charge que l'on appelle *cargo-boats*, d'après le mot anglais, ne naviguent qu'à une allure qui n'atteint pas celle du *Great Republic*. Il est vrai que cette rapidité de traversée pour ce dernier ne pouvait se réaliser que lorsque le vent demeurait favorable. Le *Great Republic* avait une mâture qui s'élevait à 64 mètres au-dessus du pont ; et ses voiles représentaient ensemble une surface de 5 000 mètres carrés. Comme de juste, et ainsi que nous l'avons dit, il fallait des hommes et des hommes pour manœuvrer cette voilure : on en comptait 130, y compris les mousses, jeunes gens ou enfants servant d'aides aux marins.

Le voilier, tout en gardant son mode primitif de propulsion, a su profiter (en tant qu'il s'agit des grands voiliers tout à fait modernes) des transformations apportées à la construction, de la coque des bateaux en général. Nous avons expliqué comment on avait remplacé le bois par le métal, dans la construction de la carène, et même comment on avait vu l'acier, à partir de 1880, supplanter le fer. Cette transformation si avantageuse a été adoptée pour la construction des grands navires à voiles. Nous pourrions citer le grand voilier français *Dunkerque*, qui dépasse considérablement les proportions du *Great Republic*. Il a plus de 100 mètres de long, pèse plus de 8 millions de kilogrammes avec un chargement de 5 millions de kilos environ. On a tenu à donner de grandes dimensions aux voiliers modernes, pour les mêmes raisons qui faisaient que les navires à vapeur augmentaient constamment de taille. La navigation d'un grand bateau coûte proportionnellement moins cher que celle d'un plus petit, sa construction également : il en coûterait beaucoup plus de construire deux voiliers susceptibles de porter chacun 2 500 tonnes, qu'un seul voilier, portant 5 000 tonnes. C'est dans le but de tirer de la navigation à voiles tout ce qu'elle est susceptible de donner, que l'on est arrivé à lancer des voiliers de 110 mètres de long, puis de 120, comme un célèbre bateau à voiles américain, de construction assez récente, et qui s'appelait *Th. W. Lawson*. Il possédait 7 mâts et avait un déplacement, autrement dit un poids, de 10 000 tonnes ; d'ailleurs, il a fait naufrage il n'y a pas longtemps. Il pouvait porter

7 300 tonnes de cargaison. On a construit sur les chantiers allemands un voilier, pour le compte de la maison Rikmers, dont la longueur dépasse 124 mètres, il peut porter 10 000 tonnes, et son poids est de 11 350 tonnes.

Il est à remarquer que ce dernier bateau à voiles est doté d'une machine à vapeur pouvant commander une hélice, destinée à actionner le bateau quand le vent vient à manquer, ou quand il est insuffisant pour

LE CLIPPER *Great Republic.*

lui donner une vitesse un peu raisonnable. Cette installation d'une machine motrice à bord d'un voilier montre bien que la voilure donne une vitesse de propulsion tout à fait insuffisante pour la navigation maritime actuelle. Les voiliers dotés d'un tel système de propulsion portent le nom de voiliers mixtes. Tout récemment, la flotte française s'est augmentée d'un voilier énorme de ce genre : il n'a pas moins de 161 mètres de long pour 17 mètres de large, et un creux d'une profondeur de 8 m. 60. Son déplacement, son poids dépasse 10 500 tonnes. Il peut porter une cargaison pesant 6 500 tonnes et représentant un cube de 10 000 mètres cubes. Bien entendu, ce navire est complètement en acier, comme se construisent maintenant même les voiliers, quand on veut qu'ils soient d'un type perfectionné. Ce *France* est doté de deux hélices, et non plus seulement d'une; hélices actionnées par des moteurs à pétrole, représentant une puissance de 900 chevaux.

Il ne faut pas se faire d'illusions : en dépit de tous ces perfectionnements, le voilier est appelé à disparaître complètement dans la navigation marchande, et quelque jour il disparaîtra même de la navigation de pêche, quand on comprendra qu'il est plus économique de recourir à un moteur, coûteux il est vrai, moteur à pétrole ou moteur à vapeur, mais sur lequel on peut constamment compter. Sans doute, cette disparition du voilier n'est pas encore chose faite : effectivement, si l'on considère les principales nations du monde, à l'heure actuelle, on voit qu'elles possèdent quelque 15 000 bateaux

à voiles, à ne compter que les voiliers de plus de 50 tonneaux, ceux
qui sont réellement importants et servent au grand commerce. Il est
juste de dire que ces 15 000 voiliers ne représentent pas ensemble
5 000 000 de tonneaux de jauge. Nous allons voir quelle est la
différence entre ce tonnage et le tonnage, cube intérieur, des
innombrables vapeurs qui appartiennent aux grandes nations du
monde.

A s'en tenir aux principales nations, Angleterre, Allemagne,
États-Unis, Norvège, France, Japon, la flotte des navires à vapeur
représente bien près de 15 000 bateaux, avec un tonnage total de
29 000 000 de tonneaux de jauge. La Grande-Bretagne, à elle seule,
possède quelque 9 000 vapeurs, jaugeant bien près de 19 000 000 de
tonneaux : ce qui montre bien la prédominance extraordinaire de sa
flotte marchande dans la flotte maritime du monde. Pour comparer
utilement le chiffre des bateaux à vapeur avec celui des bateaux à
voiles, il faut se rendre compte qu'un bateau à vapeur, par sa rapidité
de marche, la possibilité où il est de se déplacer continuellement en
dépit des vents et des marées, rend de trois à quatre fois plus de
services, peut faire trois à quatre fois plus de voyages, dans un même
temps, qu'un bateau à voiles.

Et pourtant la navigation à vapeur ne remonte qu'assez peu loin,
son origine est réellement récente. Mais à cause même des services
précieux qu'elle rend, on a cherché à la développer aussi vite que
possible, à la perfectionner de toutes manières. Et depuis moins
d'un siècle que l'on a vu circuler entre l'Europe et l'Amérique le
premier paquebot à
vapeur, que de trans-
formations ne se sont
point faites! Pour
s'en rendre compte,
il suffirait de songer
au premier bateau à
vapeur, réellement de
mer, qui navigua en
1814 entre la France
et la Corse; mais il
faut surtout penser
à ce paquebot *Sa-
vannah* dont nous
avons déjà prononcé
le nom, et qui, en
1819, fit un premier
voyage d'Europe en

L'AURORE DU VAPEUR DE COMMERCE.

Amérique, en vingt-cinq jours. Au reste, ce bateau à vapeur
était un bateau mixte, comme on peut le voir d'après la figure

que nous en donnons : il était muni d'une voilure; on voulait tirer parti du vent, au cas où il soufflerait assez fort pour permettre la propulsion du bateau. La machine à vapeur n'était là que pour aider les voiles.

Il est à remarquer, au surplus, que, pendant des années et des années, on a maintenu la voilure et la mâture des paquebots, et même des transatlantiques assez récents étaient encore dotés de voilure. On s'est finalement aperçu que cela ne faisait que gêner la marche, car l'allure à laquelle le bateau peut se déplacer maintenant, sous l'impulsion de la machine à vapeur, dépasse constamment la plus vive allure que pourraient donner la voile et le vent.

Le progrès se faisait relativement vite, étant donné, encore une fois, qu'on était dans un domaine tout nouveau. Le fait est qu'en 1838, le fameux ingénieur Brunel, qui devait construire plus tard, après l'avoir imaginé sur des conceptions toutes nouvelles, le célèbre *Great Eastern*, mettait en service le *Great Western*, de 65 mètres de long.

Pour ses débuts, ce bateau ne fit pas fortune : il ne réussit qu'à prendre à son bord, dans sa première traversée, pour le voyage d'Angleterre en Amérique, 7 passagers : il n'y avait pas en d'autres personnes audacieuses pour oser se confier à ce nouveau moyen de transport. La traversée dura vingt-deux jours; mais, pour le retour, on n'en mit que quatorze, ce qui laissait déjà pressentir la rapidité que devait donner la navigation à vapeur. A ce moment, la machine que l'on utilisait pour un transatlantique n'avait pas une puissance de plus de 740 chevaux : que l'on retienne ce chiffre, on pourra se rendre compte des progrès qui ont été faits, en considérant tout à l'heure l'énorme puissance des navires modernes, et surtout les dernières merveilles de la navigation transatlantique. Peu de temps après le *Great Western*, on avait mis en service le *Great Britain*, qui avait été encore construit par Brunel, et qui, lui, avait 84 mètres de long.

Le progrès allait se faire sous les formes les plus diverses; et cela dans le but de donner plus de célérité aux bateaux, en même temps que plus de sécurité, mais également afin de diminuer la dépense de la traversée, et de pouvoir faire payer, pour un voyage s'effectuant de plus en plus vite, des prix diminuant constamment; cela en dépit du confort, du bien-être, du luxe que l'on accuserait de plus en plus à bord de ces bateaux. C'est surtout dans la navigation entre l'Europe et les États-Unis que les progrès les plus caractéristiques se sont faits, tout simplement parce que les bateaux qui circulent dans cette direction sont assurés d'un trafic énorme de passagers. Le fait est qu'à l'heure actuelle, c'est par 800 000 à 900 000 personnes qu'il faut calculer le nombre des individus que l'on transporte dans le courant d'une année, de l'Europe à la côte des États-Unis.

Or, pour arriver à ces résultats, on a perfectionné constamment la machine à vapeur; on a su la construire plus solide et plus légère, la faire tourner plus vite, l'alimenter au moyen de chaudières dans lesquelles la vapeur est produite sous une pression plus élevée. On a imaginé, entre autres choses, le tirage forcé, grâce auquel on insuffle de l'air dans les foyers des chaudières, comme jadis, dans les foyers au bois, nous soufflions à l'aide d'un soufflet. On est arrivé de la sorte à diminuer la consommation de combustible pour chaque cheval-vapeur de puissance de cette machine.

Non seulement on a remplacé les roues à aubes des premiers navires par une hélice, mais ensuite on a multiplié le nombre de ces hélices en l'élevant jusqu'à quatre pour les navires tout à fait modernes. Et, comme nous avons eu occasion de le faire remarquer, on a, de jour en jour, augmenté les dimensions, la longueur, la largeur, la profondeur des bateaux nouveaux que l'on construit, pour arriver à plus d'économie, et pour pouvoir installer, à bord de ces bateaux, les immenses machines qui seules étaient susceptibles de leur donner les vitesses constamment croissantes que l'on désirait réaliser.

C'est ainsi que, dès 1855, on mettait en service un bateau anglais appelé le *Persia*, qui avait 117 mètres de long; ce bateau était susceptible de prendre à son bord 250 passagers, alors qu'un des plus célèbres transatlantiques qui l'avaient précédé, le *Britannia*, en 1840, n'en pouvait prendre que 115; ici la puissance des machines était de 3 600 chevaux, au lieu des quelque 700 dont on se contentait à bord du *Britannia*. Il est vrai que le *Persia* était susceptible de marcher à une allure de plus de 13 nœuds (si l'on veut, de plus de 13 milles, ce qui correspond à 13 fois 1 852 mètres à l'heure). Dans le cours de son voyage, un bateau comme celui-ci devait brûler 1 400 tonnes de charbon. On était effrayé par les dimensions auxquelles on arrivait déjà, la puissance qu'il fallait donner aux machines, la consommation de combustible qui s'imposait : on devait en voir bien d'autres. Le progrès se faisait en Angleterre plus que dans aucun autre pays, tout à la fois à cause de ses relations avec les États-Unis, et aussi par suite de la puissante industrie maritime qui, depuis si longtemps, existe dans ce pays. Cependant, la France, en 1862, grâce à la Compagnie Générale Transatlantique, possédait l'admirable paquebot *Pereire*. Nous disons admirable pour l'époque, comme de juste : il avait 105 mètres de long et un confortable qui excitait l'admiration générale.

Entre temps, en 1858, il s'était produit un véritable événement, qui laissait prévoir ce que l'on pourrait attendre quelque jour comme type normal de grands transatlantiques. L'illustre ingénieur Brunel, dont nous avons parlé tout à l'heure, avait osé tracer les plans d'un énorme navire qu'il réussit à faire construire : c'était le *Great Eastern*, celui qu'on a appelé le Léviathan, et qu'a célébré Jules Verne.

Dans cette construction audacieuse, qui avait 211 mètres de long, Brunel avait tout prévu : il avait imaginé les dispositions plus sûres, et quand, beaucoup plus tard, on dut se lancer dans la voie qu'il avait tracée, quand on se mit à construire de véritables navires géants, seul qualificatif que méritent les transatlantiques actuels; on ne fit que tirer profit des indications qu'il avait données, imiter sa géniale création, d'ailleurs dans des conditions bien meilleures, parce que la métallurgie s'était transformée, que les machines s'étaient perfectionnées, que les ports s'étaient approfondis. Le pauvre *Great Eastern*, avec ses 200 mètres, son poids de 32 000 tonnes, ne rendit que de bien rares services. On ne pouvait pas le recevoir dans les ports; il était venu trop tôt; son rôle principal consista tout simplement à servir à la pose du câble transatlantique qui devait réunir par télégraphe le Vieux monde avec le Nouveau. C'est ce qui fait que, en 1862 on s'était contenté d'un bateau de 105 mètres pour la flotte de la Compagnie Générale Transatlantique. C'est ce qui fait également qu'en 1874, les navires à vapeur les plus grands ne dépassaient pas 132 mètres de long.

Néanmoins, le progrès se continuait, bien que l'on n'osât point songer aux dimensions du *Great Eastern*. En 1884, le monde avait été étonné de voir mettre en service par les Anglais des bateaux comme l'*Umbria*, qui était destiné à donner une vitesse de 19 nœuds à l'heure, et pouvait prendre à son bord 1 225 passagers, la population d'un bourg. Cette *Umbria* n'était pas faite pour prendre de la cargaison surtout; elle emportait dans ses flancs tout au plus un millier de tonnes. On avait eu l'audace de lui donner une puissance de machines de 14 500 chevaux; mais c'était absolument nécessaire, si l'on voulait réaliser la vitesse de 19 nœuds dont nous venons de parler. Cette machinerie consommait, durant la traversée, un poids énorme de 1 900 tonnes de charbon : ce qui représente à peu près deux fois la charge d'un des gros trains de houille qui viennent du Nord sur Paris.

Les améliorations se continuèrent d'année en année; et en 1896, on était arrivé à construire des bateaux comme le *Campania*, qui avait une puissance formidable de 30 000 chevaux-vapeur, et, grâce à cette puissance, pouvait naviguer à une allure de 22 milles à l'heure. Cette fois, les nouveaux bateaux portaient dans leurs flancs 1 700 passagers; la cargaison se limitait à peu près à 1 600 tonnes,

La consommation de charbon durant le voyage était de 2 900 tonnes. Un bateau de ce genre n'avait pas moins de 188 mètres de long, et il était mû par deux hélices.

On pourrait croire que ce sont là les géants de la navigation auxquels nous faisions allusion. Il n'en est rien : nous allons trouver des chiffres autrement énormes, et comme dimensions, et comme

puissance de machines, pour ce qui constitue réellement les bateaux géants de l'époque actuelle. Cela n'empêche, du reste, qu'en 1893, des gens considéraient comme impossible d'aller plus loin dans la voie du progrès, de réaliser plus de vitesse ; ils étaient effrayés par la puissance motrice nécessaire, par la consommation du charbon, le coût de la traversée, et le reste. Le progrès devait se continuer pourtant, car, en matière industrielle, sa caractéristique est d'être ininterrompue.

Que l'on songe d'ailleurs que ces bateaux de 1893 représentaient une dépense, un prix de 15 millions environ ; en 1874, les bateaux que l'on construisait ne dépassaient pas encore 5 millions de francs, ce qui est déjà coquet.

Bien entendu, pour les bateaux qui servaient au transport des marchandises, uniquement ou principalement, pour les cargo-boats, des progrès aussi s'étaient faits; mais on se tenait encore dans des dimensions beaucoup plus faibles, d'autant que l'on ne songeait pas à réaliser de grandes vitesses : on s'en tenait toujours à 8, 9, 10 nœuds au plus.

Nous allons voir tout à l'heure, en parlant des navires géants, que des proportions gigantesques ont été adoptées à peu près autant pour les cargo-boats les plus perfectionnés que pour les grands transatlantiques modernes.

Qu'on se figure bien au reste que, dès 1893 ou 1894, les très grands navires dont nous venons de parler existaient déjà en nombre assez notable. A ce moment, on trouvait dans les flottes du monde environ 150 navires d'une jauge, d'un cube intérieur de plus de 5 000 tonneaux (on se rappelle ce que vaut un tonneau).

CHAPITRE VII

LES GÉANTS DE LA MER

o o o

On peut dire que c'est seulement à partir de 1897, et surtout à partir de 1900, que l'on a vu lancer et mettre en circulation, toujours pour cette traversée d'Europe en Amérique, où les progrès se font d'abord, de véritables géants de la mer. Ce furent deux navires allemands, le *Kaiser Wilhelm Der Grosse*, et, d'autre part, le *Deutschland*.

A la vérité, et nous l'avons déjà laissé entendre dans le précédent chapitre, ces géants avaient eu un prédécesseur né trop tôt : le fameux *Great Eastern*, de Brunel. Nous avons expliqué comment il était trop immense pour les ports de 1858 et même des années ultérieures. Il faut dire en outre que la vitesse à laquelle on pouvait le faire manœuvrer et le déplacer, durant ses voyages, n'était pas proportionnelle à sa taille ; tout simplement parce que, en 1858, les machines marines ne s'étaient pas encore suffisamment perfectionnées. Bien que ce géant n'ait guère, en réalité, servi à transporter des voyageurs, c'est bien le moins que nous l'examinions d'un peu plus près, puisque ses dimensions n'ont été atteintes par les navires de la fin du XIX⁰ siècle et du commencement du XX⁰, que quelque trente années après sa construction.

Ce *Great Eastern* n'avait pas moins de 211 mètres de long, pour une largeur de plus de 25 mètres; que l'on songe que cette longueur correspond à plus d'un cinquième de kilomètre. Du pont supérieur de ce bateau à sa quille, à ce qu'on peut appeler son fond, à l'espèce d'épine dorsale sur laquelle se fixe la charpente du navire, il y avait une hauteur de 18 mètres à peu près; c'est-à-dire qu'une maison à 5 étages aurait logé dans ce creux, si, bien entendu, la coque n'avait pas été partagée horizontablement par plusieurs ponts, formant eux-mêmes comme les étages superposés du navire. En dépit de ses dimensions énormes, de la possibilité qu'il avait de loger des centaines et des centaines de voyageurs, ce monstrueux navire ne rencontra pas le succès; on n'avait pas encore l'habitude, à l'époque où il s'est construit, de faire aussi facilement que maintenant le voyage des États-Unis. Dans sa première traversée, il transporta en tout 42 personnes; alors que pourtant cette traversée revenait à un prix très élevé, à cause même du coût du bateau, et aussi pour la valeur du charbon que consommaient ses énormes machines : cette consommation était d'environ 240 000 kilos par jour. Cette machinerie, avec sa puissance de près de 8 000 chevaux-vapeur, aurait été capable de transporter 4 000 personnes, à l'allure de 13 à 14 nœuds qu'elle imprimait au bateau. A cette époque (et ce fut une des raisons pour lesquelles le *Great Eastern* ne réussit pas), les machines à vapeur n'étaient pas encore assez perfectionnées pour qu'on pût en construire dans de semblables proportions, qui donnassent toute satisfaction sans consommer par trop de combustible. Pour actionner le bateau à l'allure relativement lente (par rapport à celles que nous pratiquons aujourd'hui) de 14 nœuds environ, il avait fallu doter le navire à la fois de roues à aubes et d'hélices. Que l'on songe également que le poids du bateau atteignait 28 000 tonnes et qu'il s'élevait à 32 000 tonnes une fois complètement chargé. La coque de ce géant s'enfonçait de plus de 9 mètres dans l'eau, c'est-à-dire, pour employer le langage technique, avait un tirant d'eau de plus de 9 mètres; c'est du reste pour cela qu'il ne pouvait entrer que dans très peu de ports, et que, le plus souvent, le navire a été obligé de demeurer à l'ancre, le long de la côte, sans s'abriter. Le pauvre *Great Eastern* resta pour ainsi dire inutilisé pendant des années et des années, après avoir fait très peu de traversées. Il avait pourtant coûté 25 millions de francs. Finalement, en 1886, il a été vendu pour quelques centaines de milliers de francs, et on le démolit pour utiliser les 10 millions de kilogrammes de fer qui étaient entrés dans sa construction. Cette tentative devait, pendant bien des années, refroidir l'audace des constructeurs et des armateurs.

Ce sont en fait les Allemands qui ont osé, les premiers, revenir
aux navires géants : navires qui allaient faire une concurrence
terrible aux bateaux anglais *Campania*, *Lucania*, longs pourtant
de 189 mètres. Les deux géants allemands allaient se rapprocher
de la longueur énorme du *Great Eastern*; et bientôt on allait voir
cette longueur atteinte, puis dépassée assez rapidement. En 1897,
avons-nous dit, une compagnie allemande, le Norddeutscher Lloyd,

LE *Great Eastern*. — L'ANCÊTRE DES GÉANTS MODERNES.

a mis à l'eau le paquebot *Kaiser Wilhelm Der Grosse*, dont nous
avons déjà prononcé le nom, qui signifie « Empereur Guillaume Le
Grand ». Ce paquebot a 197 m. 50 de long; et les Anglais, qui
s'étaient habitués à ne voir personne les dépasser en audace dans
les questions maritimes, furent stupéfaits quand ce bateau fut
construit et mis en service. Il peut prendre à son bord plus de
1 600 passagers; et, dès son premier voyage, il a marché à une allure
de 22 nœuds, tout en donnant aux voyageurs plus de place, plus de
confortable, plus de sécurité. Les machines y atteignent une puissance de plus de 31 000 chevaux, et la vitesse de 23 nœuds fut
bientôt soutenue de façon régulière. Le *Deutschland* (ce qui signifie
« Terre d'Allemagne) » fut mis en service en 1900; et l'étonnement
général fut encore plus grand, puisqu'il s'agissait d'un bateau de
208 m. 60, devant marcher à une allure de 23 nœuds et demi,
avec une machinerie de 36 000 chevaux-vapeur. Le déplacement, le

poids de ce bateau est de 23 600 tonnes. Il appartient d'ailleurs à une autre Compagnie que le Norddeutscher Lloyd. Il a été construit pour la Compagnie Hambourgeoise américaine.

Les Anglais ne se décidaient pas encore à rattraper l'avance que les Allemands avaient prise sur eux. Pour nous autres Français, nous étions dans l'impossibilité absolue de mettre en service un navire comparable au *Deutschland* : parce que nos ports, par suite des dimensions réduites de leurs bassins, de leurs écluses (toutes choses dont nous parlerons plus loin), étaient absolument hors d'état de recevoir des navires de pareilles dimensions. Pour essayer de soutenir la lutte, notre Compagnie Générale Transatlantique du moins fit construire un bateau, la *Provence*, présentant 190 m. 40 de long; ce qui, néanmoins, est énorme, et permet de classer ce bateau parmi les plus grands transatlantiques. La *Provence* a 8 m. 45 de tirant d'eau, et il lui aurait été impossible de fréquenter le port du Havre, si son tirant avait été comparable à celui des grands navires allemands. Dotée d'une machinerie de 30 000 chevaux, elle peut naviguer à une allure de 22 nœuds 5. Elle est d'ailleurs, comme tous les navires français en général, caractérisée par le luxe et le goût de ses aménagements, l'élégance de sa décoration et de ses installations.

Les Allemands ne voulaient point s'en tenir à leurs premiers succès. Ils sont bientôt arrivés à construire un énorme navire qui circule depuis quelques années sous le nom de *Kaiser Wilhelm der Zweite*, ou « Empereur Guillaume II ». Cette fois, la longueur du *Great Eastern* a été dépassée. L'*Empereur Guillaume II* a, en effet, 215 m. 45 de long pour un tirant d'eau de 8 m. 85. Son déplacement est de 26 000 tonnes, 26 millions de kilos par conséquent, et ses machines ont dû représenter une puissance de 45 000 chevaux-vapeur environ, pour lui imprimer la vitesse de 24 nœuds 5 à laquelle on entendait qu'il se déplaçât. Pour commander ses deux hélices, il a fallu mettre dans ses flancs 4 machines marines énormes; et les chaudières, pour produire la vapeur indispensable, présentent au feu et aux gaz des foyers une surface de 10 000 mètres carrés. On peut dire sans exagération que, par suite même des proportions, en même temps que sous le rapport du luxe, tout était réellement stupéfiant à bord de ce bateau *Empereur Guillaume II*; il est demeuré pendant quelque temps le plus beau transatlantique à grande vitesse sur lequel il fût possible de s'embarquer. Sa largeur est de 22 mètres, autant qu'une des avenues de nos grandes cités modernes. Entre la quille et le pont supérieur, il y a une distance de 16 mètres. Le navire est susceptible de loger 1 900 passagers pendant une semaine ou à peu près; ce qui suppose déjà dans ses flancs des approvisionnements de toutes sortes, nécessaires à la vie des passagers, en

même temps que des approvisionnements d'un autre genre pour
assurer la marche des machines, l'alimentation des chaudières.
Tout à l'heure nous allons jeter un coup d'œil sur certains des
organes de ce bateau et de ses pareils, et là aussi nous trouverons
des dimensions gigantesques, des poids formidables. Nous parlions
tout à l'heure des chaudières fournissant la vapeur : elles sont
au nombre de dix-neuf, chauffées par cent vingt-quatre foyers
envoyant leur fumée par quatre grandes cheminées qui montent
au-dessus du pont supérieur, et qui ont 5 mètres de diamètre ; le
sommet de ces che-
minées est à 40 mètres
au-dessus de la quille
du navire. Dans des
cheminées   de   ce
genre, deux voitures
de tramways passe-
raient facilement côte
à côte sans se tou-
cher.

Il va sans dire que
les Anglais, si fiers
de leur marine mar-
chande, et avec rai-
son, sentaient beau-
coup de dépit à voir
les Allemands les dé-

LA SECTION D'UNE CHEMINÉE D'UN STEAMER GÉANT,
ET CE QU'ELLE POURRAIT CONTENIR.

passer si étrangement par les navires géants qu'ils avaient mis en
service. Et en 1906, ils résolurent, ou du moins une de leurs
compagnies de navigation, la plus célèbre de toutes, la Compagnie
Cunard, décida de construire, avec l'aide du gouvernement anglais,
deux navires qui allaient dépasser tout ce qu'on avait fait à tous
égards, comme dimensions, comme vitesse, comme puissance de
machines ; ce fut le *Lusitania* et le *Mauretania*. Ce qui donnera une
belle idée de ces navires, c'est qu'ils n'ont pas coûté moins de
32 millions chacun à construire et à équiper. Leur longueur est de
244 mètres, pour une largeur de 26 m. 80, et leur tirant d'eau
atteint 10 m. 66. Ces masses énormes représentent un poids de
40 000 tonnes métriques ; et pour les faire marcher à l'allure vertigi-
geuse réellement de 26 milles marins à laquelle ils effectuent la traversée de l'Atlantique, on a été obligé de les doter d'une machinerie
représentant une puissance de 70 000 chevaux-vapeur. Qu'on n'oublie
pas que chaque cheval-vapeur fait à peu près le même travail que
trois chevaux en chair et en os qui se relayeraient successivement ;
le cheval-vapeur, lui, peut travailler de façon continuelle. On voit
que quatre navires de cette sorte, mis bout à bout, formeraient un

kilomètre. Si l'on pouvait en déposer un dans la rue de Rivoli, le long des Tuileries, à Paris, il tiendrait toute la largeur de la rue, et son pont supérieur arriverait à la hauteur du toit des maisons. Le creux, autrement dit la profondeur de la coque de ce bateau est de 20 m. 80, les tuyaux des foyers de ses chaudières s'élèvent à 52 mètres au-dessus de sa quille. Bien entendu, ces navires sont mus par quatre hélices, montées chacune sur un arbre de couche, arbre d'acier énorme qui vient des machines jusqu'à l'arrière du bateau. On a pu réussir à loger dans les flancs de ces monstres (avec des machines ordinaires, cela eût été impossible, elles eussent été trop encombrantes) la puissance des 70 000 chevaux dont nous avons parlé, grâce à l'emploi des moteurs perfectionnés qu'on appelle les turbines à vapeur; ces engins sont comme des roues multiples, munies de petites ailettes sur lesquelles vient agir la vapeur; elles tiennent étrangement moins de place et pèsent beaucoup moins que les machines ordinaires avec leurs pistons et leurs bielles.

Bien que, depuis lors, le progrès se soit fait dans la navigation transatlantique; bien que de véritables merveilles aient été mises à flot et soient en train de prendre leur service, il faut bien reconnaître que cette vitesse de 26 milles que donnent les deux bateaux Cunard, les Cunarders, comme on les appelle, est un maximum jusqu'ici. On semble vouloir s'en tenir à des allures beaucoup plus raisonnables, tout au moins beaucoup plus modestes, moins coûteuses. Par suite du prix extrêmement élevé des énormes machines dont on est obligé de doter les bateaux comme le *Lusitania*, et aussi de la consommation de charbon formidable que les chaudières de ces machines doivent faire, en dépit des perfectionnements des turbines, la vitesse coûte extrêmement cher. Il ne faut pas oublier en effet que, chaque jour, un de ces bateaux consomme un millier de tonnes de charbon, alors que le *Britannia* n'en brûlait que 40 dans sa journée. Et pourtant, la consommation par cheval-vapeur et par chaque heure de fonctionnement est extraordinairement plus faible : à peu près le quart de ce qu'elle était en 1840. Le *Lusitania*, au moment de son départ, embarque et emmagasine dans ses flancs 5 milliers de tonnes de combustible pour la durée de la traversée. Les autres géants que l'on a construits depuis le *Mauretania* et le *Lusitania*, marchent à des vitesses plus réduites.

La France possède actuellement un véritable navire géant moderne; ce qui est d'autant plus remarquable que, comme nous le disions, nos ports ne sont pas encore suffisamment bien installés pour recevoir tous les immenses transatlantiques d'aujourd'hui. Ce géant, pour n'avoir pas la longueur du *Mauretania*, n'en présente pas moins des dimensions tout à fait exceptionnelles, qui font oublier la *Provence* de 1906, appartenant à la Compagnie Générale Transatlantique, tout comme celui dont nous venons de parler, la *France*. Ce magnifique bateau, qui présente des installations et des aménagements sur lesquels nous aurons encore occasion de revenir, en visitant de plus près les transatlantiques, et en suivant leur vie quotidienne, a une longueur de 220 mètres pour une largeur de 23. Sa hauteur totale, ou, si l'on veut, sa profondeur est de 24 m. 50. Son poids, son déplacement, est de 28 000 tonnes. Il est mû par quatre turbines commandant quatre hélices; la machinerie représente une puissance de 40 000 chevaux. C'est énorme sans doute, mais bien au-dessous des 70 000 chevaux du *Mauretania*; c'est d'ailleurs le double de la puissance de la *Provence*. Le transatlantique *France* est la limite extrême de ce que peut recevoir le port du Havre, et encore avec des précautions spéciales et des manœuvres très délicates. Ce magnifique bâtiment sort des chantiers appelés Chantiers et ateliers de Saint-Nazaire. Il peut prendre à son bord 2 526 personnes, dont 534 passagers de première classe, 442 de seconde, 950 de troisième, le reste étant formé de l'équipage proprement dit, des femmes de chambres, des domestiques de toutes sortes. Bien que les machines n'aient pas la puissance de celles des deux géants que nous citions tout à l'heure, néanmoins il faut, pour bien faire brûler le combustible qui leur fournira la vapeur, envoyer dans les foyers des chaudières, pour une heure de fonctionnement, quelque chose comme 530 000 cubes d'air. Les cheminées, qui sont au nombre de quatre, mesurent 4 m. 47 sur 3 m. 10. La consommation de charbon n'est que de 4 200 tonnes pour la traversée, ce qui fait une différence avec la consommation du *Mauretania*.

Les Anglais ont voulu construire des navires géants, mais allant à une allure plus modérée que les deux Cunarders. Ce furent l'*Olympic* et le *Titanic*; nous disons ce furent au lieu de ce sont, car — on s'en souvient certainement — le malheureux *Titanic* a péri misérablement, dans la nuit du 14 au 15 avril 1912, par suite d'une collision avec un iceberg, une montagne de glace flottante. Les deux navires étaient identiques, et ils avaient coûté chacun la somme formidable de 38 millions de francs, bien que, pourtant, on n'eût pas essayé de leur donner la vitesse de 26 nœuds que l'on pratique pour le *Mauretania* et pour le *Lusitania*, et que l'on trouve trop coûteuse. L'*Olympic* (comme le *Titanic*) a une longueur de 269 mètres au total; à la ligne de flottaison, juste au niveau de l'eau, la longueur est encore de 259 mètres. Sa largeur est de 28 mètres et son creux, sa profondeur de coque de 19 m. 60. Depuis la quille jusqu'à la chambre et la passerelle de navigation, où se tient le capitaine du navire, il y a une hauteur de 31 m. 72; le haut des quatre grosses cheminées laissant sortir la fumée des foyers des chaudières se trouve à 53 m. 34 au-dessus de la quille. La jauge, autrement dit le cube intérieur de cet *Olympic* (puisqu'il ne faut plus, hélas! parler du *Titanic*), est de

45 000 tonneaux, 45 000 fois 2,83 mètres cubes. Pour ce qui est de son déplacement, il est de 60 000 tonnes métriques, si bien qu'il enfonce dans l'eau de 10 m. 50.

C'est justement parce que, pour cet immense navire, comme pour son frère aujourd'hui disparu, on avait voulu se contenter d'une vitesse de 21 milles environ (ce qui était considérable, mais ce que l'on tient aujourd'hui comme modéré), qu'on a pu n'installer dans ses flancs qu'une machinerie représentant, dans l'ensemble, simplement 45 000 chevaux-vapeur! ce qui est étrangement plus faible que ce que nous avons trouvé dans les flancs du *Mauretania* ou de *Lusitania*. D'ailleurs, cette machinerie est composée de deux séries de machines : d'une part des machines à pistons et à bielles du type classique, et d'autre part, des turbines à vapeur, machines à vapeur rotatives. La vapeur sortant des chaudières est d'abord utilisée dans les cylindres des machines à pistons dites alternatives; puis elle s'en va servir à nouveau et agir sur les aillettes des turbines : cela est très économique, et permet de tirer meilleur parti de la vapeur et de diminuer, par conséquent, le coût de la propulsion du navire.

Cette machinerie a beau être modeste, par rapport, encore une fois, à ce que l'on trouve dans les flancs des deux navires géants dont nous avons parlé, elle n'en comporte pas moins des pièces monstrueuses. C'est la caractéristique des géants de la mer d'être

UNE DES HÉLICES DE L'*Olympic*.

UNE DES ANCRES DE L'*Olympic*.

gigantesques dans toutes leurs parties. Dans la machinerie à pistons
de l'*Olympic*, par exemple, il y a des cylindres qui pèsent 50 tonnes.
L'enveloppe de la turbine, entourant les roues, ou plutôt les séries
de roues munies d'ailettes caractéristiques d'un engin de ce genre,
pèse 167 tonnes. Vous serez aussi étonnés et frappés d'admiration,
si nous citons les autres organes du bateau ; depuis son gouvernail
géant, à côté duquel un homme paraît ridiculement petit, jusqu'à
une de ces hélices qui est deux fois plus large au moins qu'une voie
ferrée ordinaire, et à côté desquelles un ouvrier semble un élément
de comparaison encore bien minime. Si nous examinons de plus près
le gouvernail, si nous nous renseignons sur sa fabrication, nous
constaterons que, à lui seul, il pèse près de 100000 kilogrammes : il
présente donc un volume énorme en dépit de la densité du métal. Pour
une des hélices, le poids en est simplement de 38000 kilos ! enfin
l'ancre que nous mettons sous les yeux du lecteur, et qui est seulement une des ancres du navire (car il en possède plusieurs), a une longueur de 5 m. 80 et un poids de 45000 kilogrammes. Chaque anneau
de chaîne que l'on voit à côté d'elle pèse plus d'un quintal métrique.
Pour amener cette ancre des ateliers où on l'a fabriquée aux chantiers de construction du navire, il a fallu un attelage de 12 chevaux.
Il faut encore ajouter, comme chiffre caractéristique, que l'arbre des
manivelles des machines à pistons dont est doté l'*Olympic* pèse
118000 kilogrammes. Dans la construction de la coque, on a employé

des tôles ayant souvent une longueur de plus de 11 mètres. L'assemblage de ces tôles innombrables qui ont formé la coque, les ponts et le reste, a nécessité l'emploi de deux millions et demi de rivets. Bien entendu, ce n'est pas une différence de 10 ou 20 mètres dans la longueur des navires qui modifiera beaucoup le poids des principaux organes de ces bateaux; et si vous aviez bien regardé l'avant du transatlantique *France*, au moment de son lancement, vous l'auriez vu muni d'une grosse ancre dite de bossoir, qui était presque aussi énorme que celle de l'*Olympic*. Les dernières merveilles de la navigation maritime, auxquelles nous croyons devoir consacrer un chapitre, nous montreront des masses encore plus énormes de machines, de gouvernails, de coques.

Au surplus, ce qu'il y a de remarquable dans les progrès de la navigation maritime, c'est que ce ne sont plus seulement les transatlantiques pour voyageurs très pressés que l'on fait dans des tailles gigantesques.

Nous n'en sommes plus à l'époque où, pour le transport des cargaisons, des marchandises seules, on se contentait de bateaux de 90 à 100 mètres de long. Aujourd'hui, on donne des dimensions à peu près équivalentes à celles des transatlantiques pour passagers à ces bateaux que les Anglais appellent *cargo-boats*; bateaux plus spécialement destinés à transporter des marchandises, mais prenant aussi des voyageurs : il s'agit des voyageurs qui préfèrent payer moins cher et se contenter d'une vitesse de 16, 17 nœuds; vitesse que l'on tenait d'ailleurs pour considérable il y a seulement quelques années en matière de transports de passagers. Les voyageurs pèsent peu : le tout est de pouvoir leur offrir des aménagements où ils trouvent suffisamment de place, et c'est pour cela que l'on a combiné les *cargo-boats* du type intermédiaire, où sont réservés des aménagements tout à fait confortables sur les ponts supérieurs des navires à cargaison; les marchandises ne pouvant être déposées que dans la partie inférieure du bateau, de façon à ne pas troubler le centre de gravité, l'équilibre de celui-ci. Mais à bord de ces immenses bateaux du type intermédiaire, et sur les ponts supérieurs, les voyageurs de troisième classe même ont maintenant à leur disposition des salles à manger presque aussi confortables que celles qu'avaient les voyageurs de première classe, il y a seulement une vingtaine d'années; et aussi des cabines ne contenant que trois ou quatre couchettes. Cela au lieu des entreponts où jadis ces voyageurs de troisième classe, les émigrants, étaient entassés, y passant pour ainsi dire toute leur vie durant la traversée, y dormant, y prenant leur repas. Quant aux voyageurs de première classe, sur ces bateaux intermédiaires, véritables bateaux à marchandises, portant des passagers comme une sorte de supplément de charge, ils jouissent d'aménagements extraordinaire-

ment vastes, parce que la place n'a pas besoin d'être strictement
comptée, étant donné que la recette assurée par le transport des
marchandises permet de se contenter d'une recette modérée du fait
des voyageurs.

Il y a maintenant, dans divers pays, toute une flotte de ces *cargos*
(comme on dit aussi par abréviation), cargos intermédiaires marchant
à une allure qui ne dépasse pas 20 nœuds, et qui, le plus souvent, se
maintient entre 16 et 18 nœuds. C'est, par exemple, l'*Oceanic*, qui
date déjà de 1899, et qui a 214 m. 66 de long pour 9 m. 90 de tirant

LE GOUVERNAIL D'UN TRANSATLANTIQUE.

d'eau. Son déplacement est de 28500 tonnes; et il suffit pour le
mouvoir d'une machinerie motrice de 27 000 chevaux; cela en dépit
de ses dimensions, rappelant celles du transatlantique allemand
Empereur Guillaume II, dont la machinerie représente 45 000 chevaux. Il est vrai que, pour l'*Empereur Guillaume II*, la vitesse est
autrement grande! Nous pourrions de même citer le *Cellic*, le *Cedric*,
le *Baltic* et d'autres. La plupart de ces bateaux ont quelque 200 à
220 mètres de long : cela mérite bien l'épithète de navires géants.
Leur déplacement est de 38 000 à 40 000 tonnes métriques, mais ils
peuvent porter dans leurs flancs 28 000 tonnes de cargaison, ce qui
assure une belle recette pour chaque traversée. Le bénéfice est
d'autant plus élevé que ce type de bateau, en dépit de ses deux
hélices, n'a qu'une machinerie de 13 000 chevaux. La consommation
de charbon, chaque jour, ne dépasse pas 235 tonnes, ce qui semble
ridiculement faible par rapport aux 5 000 tonnes d'un *Olympic*.
D'ailleurs, le *Baltic*, par exemple, peut prendre à son bord 3 000 passagers, sans que cela le gêne aucunement pour la place et le poids

de sa cargaison de marchandises. Les passagers, il est vrai, doivent
se contenter d'une allure de 17 nœuds. Nous pourrions citer également un cargo intermédiaire allemand très connu, le *Kaiserin
Augusta Viktoria*, qui est tout récent, et pèse ou déplace, comme
on voudra, 40 000 tonnes métriques, prenant à son bord, tout en
marchant à une allure de 17 nœuds, 16 000 tonnes de chargement
et 3 589 passagers.

Grâce à ces géants de toutes sortes, nous franchissons les mers
à une allure réellement vertigineuse; même quand il s'agit de ces
bateaux du type intermédiaire. Les marchandises nous arrivent à
bon marché au grand bénéfice de chacun; les relations se multi-
plient et se resserrent entre les diverses parties du monde.

L'Aquitania.

CHAPITRE VIII

LES DERNIÈRES MERVEILLES DE LA NAVIGATION MARITIME

o o o

On paraît quelquefois abuser des expressions d'admiration, quand on parle des véritables chefs-d'œuvre auxquels l'homme s'est livré; et tout particulièrement des inventions qu'il a réalisées pour utiliser les mers, les conquérir. Cependant, il n'y a rien d'exagéré dans ces adjectifs et dans ces formules d'admiration : ils sont parfaitement légitimes. Qu'on songe que, en navigation maritime, on n'a pas jugé bon de se contenter des navires de 200, 210, 220, 240 mètres et plus que nous avons vu construire, mettre en service, vu transporter des milliers de passagers et des dizaines de milliers de tonnes de marchandises. On a voulu faire davantage encore; et il est probable que ce qui constitue à l'heure actuelle une merveille, dans quelques années sera considéré comme un bateau quelque peu vieilli : on aura créé encore du nouveau que nous ne pouvons pleinement prévoir.

Ce que l'on a cherché avec les dernières merveilles mises à jour, ou plutôt mises à l'eau, ce sont des dimensions plus gigantesques encore que jamais, permettant des économies nouvelles sur le prix de transport des passagers et des marchandises. Le coût de ces navires, sans doute, est formidable; mais par rapport à leur capacité, à ce qu'ils peuvent transporter, et comme passagers et comme marchandises, il est sensiblement plus faible que celui des navires que l'on construisait il y a quelques années seulement. Il y a déjà assez longtemps que des ingénieurs spécialistes ont annoncé qu'avant peu on en arriverait à des navires de 300 mètres de long, et, sans doute, par conséquent, d'une trentaine de mètres de large. C'est même pour cela que, en construisant le canal de Panama, les Américains ont établi des écluses de 305 mètres de longueur; susceptibles de donner passage aux bateaux de 300 mètres. Il y a même certains constructeurs qui estiment que, vers 1925, on verra apparaître des bateaux de 350 mètres de long et de 35 mètres de large, tirant de 13 à 15 mètres d'eau.

Nous n'en sommes certainement pas encore là; et il y a même des savants qui pensent que, si l'on veut arriver à des coques de bateaux de plus de 300 mètres, il faudra les établir en un métal plus résistant que cet acier que l'on emploie maintenant, et qui, cependant, a rendu de si grands services et a permis les très grands bateaux que l'on utilise à l'heure présente. Il est sûr que, si une de ces immenses coques de 350 mètres de long, par exemple, venait à se trouver sur l'eau par une forte tempête, elle serait exposée dans sa charpente et dans son enveloppe extérieure, à des épreuves particulièrement dures. Les vagues se déplacent constamment, brusquement, brutalement, en dessous d'elle, tantôt en la soulevant par son milieu, tantôt par son extrémité, tantôt encore en l'abandonnant tout d'un coup; et l'on craint que, dans ces conditions, les tôles, les plaques métalliques formant ou la charpente ou la carène, puissent jouer, fléchir plus ou moins; que les rivets, les espèces de gros clous métalliques qui solidarisent les diverses parties de la charpente et de la carène, viennent à se rompre sous ces efforts énormes et brusques. Il est juste de dire que la métallurgie, la fabrication des aciers se transforme comme tout le reste, en se perfectionnant de jour en jour; et avant peu, sans doute, on pourra utiliser, dans la construction des navires et particulièrement de leur charpente, des aciers beaucoup plus solides, beaucoup plus résistants sous une même épaisseur, qui permettront de construire peut-être des bateaux de 500 mètres de long, sans qu'ils soient exposés à se briser, ou tout au moins à fléchir sous les attaques de la mer.

En tout cas, comme on n'en est pas arrivé, et de beaucoup, aux 350 ni même aux 300 mètres, les constructeurs, les armateurs, les compagnies de navigation ont continué de construire des navires de plus en plus immenses; et tout récemment, elles ont mis à l'eau, presque simultanément, dans deux pays différents, d'une

L'AVANT DU TRANSATLANTIQUE *Imperator* SUR SON CHANTIER DE LANCEMENT.

part en Allemagne, de l'autre en Grande-Bretagne, trois grands
transatlantiques qui dépassent tout ce que l'on avait fait jusqu'ici.

L'un de ces navires, l'une de ces dernières merveilles qu'annonçait
notre titre, c'est l'*Imperator*, qui commence son service sur les
États-Unis, et qui a été construit par un des grands chantiers de
Hambourg, en Allemagne. Sa longueur est de 268 m. 22, et sa
largeur de 29 m. 87, pour une profondeur de coque de 10 m. 82
(bien entendu, sans tout ce qu'on appelle les superstructures, c'est-
à-dire les ponts successifs qui sont disposés au-dessus du pont
principal de la coque proprement dite). Le tonnage en lourd de ce
bateau est d'à peu près 51 000 tonnes, autrement dit 51 millions de
kilogrammes ; quand on l'a lancé, bien avant d'être terminé, avant
que ses aménagements intérieurs fussent achevés, il pesait déjà
26 500 tonnes. Que l'on remarque que sa vitesse à la mer ne doit
pas être de plus de 22 nœuds. Cela justifie l'observation que nous
faisions. Avec ces immenses navires, on ne cherche plus à réaliser
des vitesses constamment croissantes, comme cela s'est produit
pendant vingt ou trente ans, et jusque vers 1906 ; on se contente
d'allures plus modestes, coûtant beaucoup moins cher. L'intérieur
de cette coque de 268 m. 22 de long et de 29 m. 87 de large, est
partagée en sept étages, par autant de ponts qui se trouvent dans la
coque même ; mais au-dessus, nous rencontrons les superstructures
auxquelles nous faisions allusion, les ponts supplémentaires, qui
sont au nombre de quatre et sur lesquels on construit de véritables
pièces superposées, aux usages les plus divers, tantôt des salons,
des salles à manger, des cabines même, des appartements de
luxe, etc.

Il faut naturellement des aménagements énormes, car l'*Imperator*
peut prendre à son bord 700 passagers de première classe, 600 de
seconde, 940 de troisième, et 1 750 de quatrième, autrement dit
émigrants. Parmi ces 1 750 émigrants, un millier sont logés dans
de véritables cabines, comme les passagers de seconde classe il y a
vingt ou trente ans. Pour assurer la marche du bateau et le service
de l'hôtel flottant que constitue un navire de ce genre, il faut un
équipage de 1 100 personnes, depuis les chauffeurs et les soutiers,
qui sont chargés d'apporter le charbon aux machines, jusqu'aux
maîtres d'hôtel, femmes de chambres, musiciens ou marins
proprement dits. Quand le chargement est complet, le navire porte
5 100 personnes. Les passagers de première classe disposent d'un
luxe et d'un confortable extraordinaires qui ne sont pas pour nous
surprendre, étant donné que, à bord des paquebots français, la
décoration, le luxe, le confort et l'élégance dépassent réellement
tout ce qu'on peut trouver ailleurs. Certains passagers de l'*Imperator*, les plus riches, bien entendu, peuvent se payer des appartements complets avec une ou deux chambres, une salle de bains, un

salon; d'autres appartements encore plus luxueux comportent en outre une salle à manger. A la disposition des passagers de première classe ordinaire, sont deux grands salons, un restaurant, un jardin d'hiver, un hall, qui forme en réalité un autre salon de conversation; puis un salon des dames, un fumoir, un café. Enfin, on n'a pas oublié une large piscine pour les bains, et une installation hydrothérapique tout à fait remarquable. Pour les passagers

L'*Imperator* A SA MISE A L'EAU.

de seconde classe, on a prévu et une salle à manger et un salon, un fumoir, une salle de réunion et un gymnase. Les passagers de troisième classe sont à peu près aussi bien installés, sauf que le luxe des installations est moins grand. Quant aux passagers de quatrième classe, ils ont pour eux une salle à manger spéciale, qui, entre les repas, sert de salon. C'est un luxe véritable, si l'on songe aux émigrants d'il y a seulement quelques années. On peut dire que ce confortable rend la vie autrement moins pénible pour ces pauvres gens.

Les passagers de toutes classes disposent de vastes ponts où l'on peut se promener. Tout est soigné au mieux, depuis l'éclairage et le chauffage, jusqu'à la ventilation. A bord de cet immense navire comme à bord des deux autres dont nous avons à parler, on a installé un dispositif pour lutter contre le roulis, un réservoir du système Frahm, qui a été essayé il y a pas mal de temps sur des bateaux assez modestes et a fait ses preuves. La suppression presque complète du roulis est particulièrement appréciée par les passagers, plus que toutes les augmentations possibles de vitesse. Étant donné que les dimensions de l'*Imperator* sont autrement plus grandes que celles des géants que nous avons déjà vus, il va de soi que tous les éléments du bateau, ses divers organes ont eux-mêmes des proportions plus fortes. L'ancre principale et sa chaîne forment un poids de 200 tonnes; pour construire le navire, sa coque, ses ponts, sa charpente, on a employé 20 000 tonnes d'acier et 14 000 tonnes de boulons et de vis. La propulsion du bateau est assurée par quatre hélices (il ne faut plus parler maintenant de roues à aubes, ni même d'hélice unique ou d'hélices doubles); et chacune de ces quatre hélices a un diamètre de 5 mètres. C'est un ensemble de turbines qui assurent la rotation de ces hélices et la marche du bateau.

On avait annoncé la construction prochaine d'un grand trans-atlantique allemand qui se serait appelé *Europa*; en fait on vient d'en mettre à l'eau un qui est tout à fait analogue et qui porte le nom de *Vaterland*; il est lui aussi une de ces véritables merveilles que l'on ne saurait trop admirer. Sa longueur totale est de 276 mètres pour une largeur de 30 m. 50 et une profondeur de 19 m. 25. Ce n'est pas neuf ponts, mais bien onze qu'il comporte, et la passerelle du commandant, là où celui-ci se tient pour diriger la marche du navire, domine la quille de 40 mètres. Pour le sommet des trois cheminées qui servent à évacuer les fumées des chaudières il est à 60 mètres au-dessus de cette même quille. La construction de ce monstre a nécessité l'emploi de 34 millions de kilogrammes d'acier galvanisé et de 2 millions de kilogrammes d'acier fondu; sans parler d'autant de fonte ordinaire et d'un million de kilogrammes de cuivre. Beaucoup d'autres matériaux ont été employés pour cette construction. La jonction des plaques diverses de tôles formant la charpente et la carène a nécessité l'emploi de 3 millions de rivets. La propulsion est assurée par des turbines à vapeur, le nouveau moteur qui fait merveille.

Le troisième navire dont nous voulons dire un mot a été construit par les Anglais, qui ne veulent pas rester en arrière de leurs concurrents les Allemands : ils ont mis à l'eau et bientôt en service l'*Aquitania*, qui est bien digne de satisfaire leur amour-propre national. Cet immense transatlantique, qui appartient à la fameuse Compagnie Cunard, présente des dimensions sensiblement comparables à celles des deux grands bateaux allemands. Les ingénieurs et constructeurs navals profitent, simultanément pour ainsi dire dans tous les pays, des progrès de la Science et de la technique. La longueur totale de l'*Aquitania* est de 274 m. 63, pour une largeur de 29 m. 56, et une profondeur de 19 m. 56. Comme les deux autres, l'*Aquitania* est destiné à naviguer à vitesse modeste; ce qui signifie tout simplement qu'il marchera à une allure très inférieure à celle du *Lusitania* et du *Mauretania*. On compte qu'il naviguera à 23,5 milles à l'heure. Ses ponts sont au nombre de dix à l'intérieur de la coque, et il y en a trois autres, ponts supérieurs appartenant aux superstructures. L'*Aquitania* est destiné à porter 4 230 personnes, dont 660 de première classe, 698 de seconde et 1 900 passagers de troisième classe.

Quand nous parlerons de la sécurité de la navigation, des dangers qui menacent ceux qui osent se confier à la mer, nous dirons quelque chose des installations remarquables faites à bord de ces navires, des précautions prises pour qu'un accident aussi terrible que celui du *Titanic* ne puisse pas se reproduire, et de la quasi-insubmersibilité de ces immenses bateaux. Le nombre formidable de passagers, d'individus de toutes sortes qu'il porte, en même temps que leur valeur pécuniaire, imposent aux Compagnies de navigation des mesures aussi minutieuses que possible pour supprimer les dangers.

CHAPITRE IX

LES PÊCHES MARITIMES

o o o

LA mer, avons-nous dit, renferme une foule de richesses diverses ; à commencer par les poissons innombrables, les crustacés, les coquillages, les êtres vivants de toute espèce qui nous fournissent des aliments, quand nous savons les capturer. Depuis des siècles et des siècles, l'homme s'est ingénié à créer et à employer des ustensiles de pêche de toutes sortes, des filets de forme et de dimensions variées, précisément pour capturer ces poissons qui nagent dans l'eau, qui vivent au fond de la mer, pour recueillir les coquillages, pour prendre dans des sortes de pièges les homards, les crabes, les langoustes. Il a même perfectionné tellement ces méthodes, en vue d'utiliser les richesses naturelles et alimentaires que lui offre la mer, qu'il cultive même parfois poissons, coquillages, les aide à se multiplier, à croître en nombre comme en dimensions et en qualité. Les aliments que nous donne la mer ou plutôt que nous savons lui prendre ne servent pas seulement aux populations qui habitent près des côtes; ils sont si précieux, que l'on tâche de les expédier des ports de pêche dans l'intérieur des terres; que le poisson de mer, à notre époque tout au moins, arrive à se vendre sur tous les marchés de l'Europe. Il est juste de dire que, pour parvenir à transporter ainsi à grande distance, sans qu'ils se détériorent, en demeurant toujours frais et bons à manger, le poisson de même que les mollusques, les coquillages, il a fallu que l'homme fasse mille et une découvertes; qu'il utilise les moyens de transport à grande vitesse que sont les chemins de fer; qu'il sache tirer parti de la glace et des agents divers de refroidissement, pour empêcher la chaleur de causer une décomposition même particlle dans les produits de la mer qui s'envoient à très grande distance.

Ce sont des richesses qu'on a négligées en France encore moins qu'ailleurs, étant donné que notre pays possède un développement de côtes considérable, que la possibilité de pratiquer la pêche se présente sur une grande étendue. Aussi bien, rien n'empêche les pêcheurs de tous les pays d'aller promener leurs filets en pleine mer, où bon leur semble, car l'océan appartient à tout le monde, à partir d'une certaine distance du rivage. Même à l'époque où il n'existait pas de chemins de fer, de voies de transports rapides, néanmoins certains produits de la mer trouvaient à s'expédier au loin et à entrer fort avantageusement dans le menu d'une foule de populations de l'intérieur des terres. Il s'agissait alors seulement de quelques produits, de quelques poissons pour lesquels on avait imaginé certains moyens de conservation qui les mettaient bien à l'abri de la décomposition, et permettaient de les consommer dans d'assez bonnes conditions. C'est ce qui se présentait pour les harengs, que l'on n'avait pas non seulement appris à saler (la saumure assurant la conservation des matières alimentaires, aussi bien du poisson que du lard); on avait fait une découverte précieuse pour l'humanité, le jour où l'on avait inventé le saurissage des harengs. Même à notre époque, le hareng saur, c'est-à-dire fumé dans des conditions toutes spéciales, présentant de belles couleurs dorées résultant de l'action même de cette fumée, entre dans la consommation courante peut-on dire. Tantôt on le mange sur le gril, tantôt sous la forme de filets conservés dans l'huile; c'est un excellent aliment de très bon goût, et ayant le précieux avantage de se vendre bon marché. Il y a bien longtemps également que l'on avait inventé le procédé qui consiste à sécher et à saler la morue : la morue sèche fait encore l'objet d'une industrie puissante, notamment en France comme nous allons le voir. Elle a tenu pendant des siècles une part extraordinairément importante dans l'alimentation générale; ce poisson ainsi salé et séché, susceptible de se conserver fort longtemps, a l'avantage de se transporter avec très grande facilité.

Grâce aux mouvements des marées, avant même que les hommes eussent l'idée de construire non seulement des bateaux, mais encore des filets et des ustensiles divers pour la pêche en pleine eau, la mer donnait la possibilité de capturer parfois des poissons, des mollusques, souvent des coquillages. C'est qu'en effet, dans les mers tout au moins où la marée présente une très grande amplitude, des rochers sont mis à sec sur lesquels sont accrochés de ces coquillages, notamment des huîtres sauvages, des moules, des *jembles*, sortes de petits chapeaux pointus qui portent, suivant les régions, des noms si différents. Dans les trous de ces roches, on rencontrera constamment d'autres coquillages, et l'on peut apprendre par l'observation, à en découvrir dans les sables de la plage : aussi bien le couteau que la palourde et beaucoup d'autres. Dans les trous des rochers, surtout quand ces trous sont dans des dénivellations où il reste une certaine épaisseur d'eau, on a chance de pouvoir pêcher des crabes, parfois même des homards ; il est vrai qu'aujourd'hui le homard et la langouste se tiennent beaucoup plus loin que jadis, parce qu'ils ont été très pourchassés, et que normalement on ne les pêche guère qu'au moyen de casiers, sortes de pièges faits d'osier tressé, dans lesquels on les attire au moyen d'un appât. Quand la mer est basse également, dans les dénivellations dont nous parlions, si elle présente une hauteur d'eau un peu notable et qu'on soit déjà loin de la côte, il peut parfaitement rester du poisson ; et avec une certaine habileté et beaucoup de persévérance, on réussira à le capturer en le pourchassant de côté et d'autre. D'ailleurs l'intervention d'un filet est particulièrement utile ici. Tout cela, c'est ce qu'on appelle, dans le langage technique, de la pêche à pied. Pêche à pied également, que cette pêche de la crevette rose ou de la crevette grise à l'aide généralement d'un filet que l'on pousse devant soi, et qui forme une sorte de grande poche au fond de laquelle les crevettes se trouvent prises. Nous verrons dans un instant, en examinant d'un peu plus près comment se font les diverses pêches principales, que, le plus fréquemment, à l'heure actuelle, quand on veut pêcher de grosses crevettes roses, il faut aller au large, à l'aide d'un bateau traînant un filet spécial, et ne plus se contenter de la pêche à pied.

Rien que pour la France, l'industrie des pêches maritimes représente une valeur extrêmement élevée ; elle fait vivre une série d'individus et de familles. En principe ces pêches ne sont pas permises à tout le monde : elles constituent sur nos côtes un véritable privilège pour ceux que l'on appelle les inscrits maritimes, les gens qui fournissent les équipages à la flotte de guerre en France. Chaque année le ministère de la Marine publie des statistiques sur les pêches maritimes en France, où il montre leur valeur énorme. La seule pêche côtière, c'est-à-dire non pas seulement ce que nous appelions

tout à l'heure la pêche à pied, mais encore la pêche en bateau dans
les eaux abritées, dans les embouchures des fleuves, et aussi tout
près du littoral, dans la zone qui appartient au pays en propre, représente, dans le courant d'une année, à peu près 165 millions de francs.
Là dedans on compte la récolte des varechs, des herbes marines
dont nous avons parlé, et qui servent d'engrais le plus souvent; et
aussi l'extraction des sables et des vases, comme cela se passe

Cl. International Press Agency.

LA PÊCHE A PIED, A MARÉE BASSE.

notamment dans la baie du mont Saint-Michel; les vases étant
déposées sur les terres pour améliorer le sol et fournir une alimentation aux plantes, qui donneront une meilleure récolte. La pêche
du hareng donne plus de 14 millions; celle du maquereau 8 millions
environ; on pêche, dans le courant d'une année également, pour
plus de 18 millions de sardines; au moins 4 millions de thons, près
d'une cinquantaine de millions de poissons frais divers, soles,
plies, turbots ou barbues, merlans ou limandes, mulets ou rougets,
colins, etc., etc. Il y a toute une série d'espèces diverses, tantôt très
fines et très chères à cause de la qualité, tantôt abondantes et bon
marché. La pêche de la crevette à elle seule représente une valeur
de plus de 2 millions de francs; celle des homards et des langoustes,
de 5 à 6 millions. La pêche ou plutôt la récolte des huîtres, dans les
conditions que nous allons indiquer, aussi bien des huîtres sauvages
se multipliant naturellement que des huîtres cultivées dans les

parcs, représente près de 22 millions de francs. L'industrie des moules, qui se fait généralement sur des emplacements spéciaux appelés des *bouchots*, sous la forme de cultures spéciales comme pour l'huître, donne près de 3 millions. On estime que, dans son ensemble, la pêche à pied proprement dite (bien entendu en dehors de l'exploitation des établissements de pisciculture, d'ostréiculture, de culture des moules — que l'on nomme *myticulture*) fournit plus de 7 millions de francs de produits. Cela montre bien les ressources que l'exploitation de la mer, même sans bateau, avec des instruments bien simples et grâce pour ainsi dire à la seule habileté manuelle des pêcheurs, fournit à la population des côtes.

Mais il ne faut pas oublier non plus ce que l'on appelle les grandes pêches : nous y avons fait allusion tout à l'heure et nous allons en parler avec un peu plus de détails : C'est la pêche sur les bancs de Terre-Neuve, dans les parages de l'Islande et dans la mer du Nord, et bien entendu au large. Ces grandes pêches donnent chaque année de 25 à 26 millions de produits. Nous ne pouvons naturellement parler des autres pays; cependant, nous ferons remarquer que, pour le Royaume-Uni (on dit communément l'Angleterre), la production des pêches correspond à une valeur d'au moins 260 à 270 millions de francs chaque année. C'est un chiffre énorme qui démontre l'importance de la mer et les richesses qu'elle nous procure.

Parmi les diverses pêches pratiquées, deux des plus intéressantes sont certainement la pêche de la crevette et la pêche à l'écluse. Pour la crevette, elle se fait soit à l'aide de filets que l'on descend dans l'eau suspendus à une corde verticale, et au fond desquels on met un appât, un morceau de poisson plus ou moins en décomposition, un crabe ou une partie de crabe; soit au contraire à l'aide de la poche circulaire dont nous parlions tout à l'heure, montée sur un manche de bois. C'est grâce à ce manche appuyé sur la poitrine, que l'on promène la partie droite du filet sur le fond de l'eau en ratissant pour ainsi dire ce fond. Les crevettes qui se trouvent devant le pêcheur sont brusquement surprises par le filet, elles se trouvent bientôt dans le fond de la poche, et elles n'ont plus idée, pour en sortir, de revenir vers l'ouverture; d'autant que le filet se déplace constamment. Quant au filet rond que l'on descend et que dans certains pays on appelle un *ret* ou une *balance*, on en pose plusieurs simultanément, et on les relève de temps en temps, très vite, de façon à surprendre les crevettes qui sont dans la poche occupées à manger l'appât. D'une façon générale, c'est le long des rochers, et particulièrement sous les algues qui vivent sur ces rochers, dans une épaisseur d'eau de 1 mètre à 1 m. 50, que l'on trouve les plus belles crevettes. Nous n'avons pas besoin de nous occuper de distinctions purement scientifiques, mais remarquons

que la crevette proprement dite, la crevette rose, n'est pas du tout de
la même espèce que la crevette grise. Pour la crevette rose, qui est
bien supérieure et qui ne prend d'ailleurs cette couleur qu'à la
cuisson (alors que, vivante, elle est d'un gris transparent), elle porte
des noms très variables : tantôt on l'appellera le *bouquet*, tantôt le
palémon, tantôt *salicoque*, etc. Elle paraît devenir de plus en plus
rare à notre époque; et c'est ce qui fait en partie qu'elle se vend de
plus en plus cher; c'est un article réellement de luxe. Et cependant,

Cl. Nydegger.

UNE GOÉLETTE PARTANT POUR LA PÊCHE A LA MORUE.

comme nous le disions, on va la pêcher en bateau, relativement à
bonne distance des côtes, dans des parages où l'on sait qu'elle se
tient d'ordinaire; parfois on suspend autour du bateau des balances,
de ces filets dont nous parlions; parfois, au contraire, on traîne
derrière le bateau une drague, ou plutôt un petit chalut, une poche
en filet qui racle le fond et produit le même effet que le filet à
manche dont nous expliquions tout à l'heure le fonctionnement.

La pêche à l'écluse nécessite, pour la population des côtes qui
veut s'y livrer, tout un travail préparatoire. On construit sur le
littoral, dans la partie qui découvre, comme on dit, qui assèche à
mer basse, une sorte de grande muraille demi-circulaire, qui, par
ses deux extrémités, vient se rattacher à la côte même. Cette
muraille est faite en blocs de rocher empruntés aux roches marines
qui se séparent en morceaux plus ou moins gros sous l'influence des
lames; il faut que les murailles de l'écluse soient particulièrement
solides et très bien entretenues, afin de résister à la violence de ces
vagues, quand la mer monte surtout et que le temps est mauvais.

Dans la partie basse de l'écluse, c'est-à-dire le plus au large possible, là où, à marée basse même, il reste une certaine épaisseur d'eau, 1 m. 20 ou 1 m. 50, suivant le cas, cette eau formant un tout petit lac à l'abri du mur de l'écluse qui la sépare de la mer; on ménage parfois deux ou trois portes dans la muraille de l'écluse, portes grillées bien entendu. Ce sont ces portes qui valent à tout ce dispositif le nom d'écluse. Au fur et à mesure que la mer baisse, le poisson qui est demeuré tout près de la côte descend lui-même, pour rester dans l'eau, en se tenant généralement au fond. Et il y en a une bonne partie qui, de la sorte, demeure dans le petit lac auquel nous faisions allusion, sans pouvoir s'échapper par les portes, puisqu'elles sont munies de grillages. Les pêcheurs viendront ensuite quand la mer sera tout à fait basse, en suivant la muraille de l'écluse; ils descendront dans le lac, y apercevront les poissons qui y sont demeurés, et, à l'aide, soit de filets, soit d'instruments ressemblant à des sabres et que l'on appelle effectivement de ce nom sur certaines parties des côtes françaises, ils pêcheront le poisson ou ils le tueront d'un coup bien appliqué sur la tête. Le procédé au sabre est le plus curieux; c'est une véritable chasse au poisson; il a d'ailleurs cet avantage, en tuant brusquement le poisson sans le faire souffrir, de fournir des pièces qui ont une saveur rare.

Dans les rochers, à mer basse, tout particulièrement sur certaines côtes de Bretagne, et à condition que l'on aille là où il reste encore une certaine épaisseur d'eau, sur des points qui ne découvrent pas complètement, mais où cependant il est facile de pêcher en se mettant plus ou moins profondément dans l'eau, on trouvera des crabes d'espèces diverses, petits ou grands, aussi bien le tourteau que l'araignée de mer, et une multitude de petits crabes qui fournissent une bonne nourriture et une chair particulièrement savoureuse. Qu'on ne se figure pas du reste que tous les crabes sont d'aussi bonne qualité les uns que les autres; et souvent l'amateur qui, près de la côte, en aura capturé quelques-uns, sera tout étonné quand il les aura fait cuire, de trouver dans leur carapace peu de chair et une chair insipide. En ces matières comme en bien d'autres, il faut s'y connaître et savoir le métier. Pour les homards et les langoustes, c'est surtout à l'heure actuelle avec des pièges de formes très spéciales, des casiers, que l'on arrive à les pêcher en assez grand nombre. Les casiers vont se poser à mer basse dans les parages rocheux que l'on sait fréquentés par les homards; on dispose dans le casier, comme pour la crevette, un appât fait d'un morceau de poisson, de viande ou de quelque chose d'analogue; on repère la place du casier à l'aide d'une corde à laquelle on attache une sorte de bouée, de morceau de bois flottant; et, à la marée suivante, on reviendra, en bateau le plus souvent, pour relever le casier, le retirer du fond de l'eau en tirant sur la corde, avec les captures qui peuvent s'y trouver. D'ailleurs, maintenant, on pêche assez souvent à l'avance les homards et les langoustes, et on les met dans un réservoir en les nourrissant de façon à les vendre au fur et à mesure que l'on trouve des acheteurs. Toujours sous l'influence de la pêche intense que l'on en fait, ces crustacés ont diminué considérablement sur nos côtes de France. C'est la raison pour laquelle les bateaux bretons, très souvent maintenant, s'en vont jusque le long de la côte d'Afrique, de nos possessions du Sénégal, pour y pêcher du homard qu'ils rapportent dans des réservoirs pleins d'eau ménagés dans les flancs mêmes de leurs bateaux. Ces réservoirs sont en communication avec la mer par des trous percés à cet effet, et les homards restent ainsi dans de l'eau vive et pure. Par contre, il y a encore des pays, comme la côte ouest du Canada, où les homards sont en abondance; on y installe alors des usines fabriquant les conserves, mettant en boîte les crustacés, une fois dépouillés de leur carapace; et c'est par milliers et par dizaines de milliers que les homards ainsi pêchés sont expédiés sur les différents marchés du monde. Il va de soi que ces homards mis en conserves sont moins bons de goût que ceux qu'on mange absolument frais.

La sardine, bien connue de tous nos lecteurs, peut-être surtout sous la forme de sardines en conserve et confites à l'huile, est un des poissons qui alimentent une industrie des plus importantes; au moins quand il *donne*, c'est-à-dire quand il apparaît sur nos côtes en nombre suffisant dans les régions où nos pêcheurs s'entêtent encore à le poursuivre uniquement. Autrefois, on mangeait la sardine fraîche sur les côtes; et, à l'intérieur, on la consommait à l'état fumé, un peu comme le hareng, ou salé. Il se fait encore des sardines fumées et des sardines salées, mises dans des tonneaux où elles s'empilent les unes sur les autres. Mais, depuis la fin du XVIIIe et surtout au commencement du XIXe siècle, on s'est mis à les confire dans l'huile, et elles se vendent alors en quantité formidable un peu dans tous les pays. Il ne faudrait pas d'ailleurs se figurer que c'est la France seule qui fabrique les sardines dites à l'huile. En Portugal notamment, en Espagne, il y a d'immenses établissements de pêche, et des usines tout à fait bien organisées, qui préparent des sardines à l'huile dans d'aussi bonnes conditions qu'en France. Dans notre pays malheureusement, la pêche est tout à fait irrégulière; ce qui a de très gros inconvénients pour les usines qui tantôt ont beaucoup à travailler, tantôt se trouvent sans poisson à préparer et à mettre en boîte; cela a également des inconvénients pour les pêcheurs, qui souvent capturent des dizaines de milliers de sardines dans une même journée, ne les vendant qu'un prix assez bas; et tantôt sortiront inutilement, ne rencontreront pas de sardines ou ne réussiront pas à en prendre. Il faut dire que nos pêcheurs sardiniers, spécialement en Bretagne, s'entêtent à pratiquer des méthodes tout à fait antiques pour la pêche à la sardine. Ils utilisent comme bateau une petite embarcation non pontée, à la façon des bateaux tout à fait primitifs dont nous avons parlé au commencement de ce livre; quand ils passent plusieurs nuits dehors, ces embarcations ne leur offrent aucun confortable et les exposent à tous les dangers de la mer, puisqu'il suffit de quelques lames pour remplir le bateau et l'engloutir. D'autre part, avec ces embarcations, ils ne peuvent s'éloigner de la côte, et ils sont obligés d'attendre la sardine au passage, sans aller la chercher comme on fait en Espagne. Ils emploient des filets très petits eux-mêmes. Le principe de leur méthode est de tendre leurs filets dans l'eau. Ces filets flottent à leur partie supérieure grâce à des lièges, et descendent comme une muraille verticale sous l'influence de plombs qui les lestent en bas. Les pêcheurs jettent, aux environs des filets, de la rogue, ce qui n'est pas autre chose que des intestins de morue fortement salés. C'est cette rogue très malodorante, mais dont la sardine est très friande, qui cause la perte du poisson. Il se précipite pour ainsi dire tête baissée, afin d'avaler l'appât jeté des deux côtés du filet; mais il rencontre généralement le filet sur sa route et il se maille, comme on dit, dans une des mailles du filet, il se prend par les ouïes sans pouvoir se dégager ensuite. Quand on relèvera le filet, les pêcheurs trouveront toute une série de sardines maillées, les sortiront des mailles, et les jetteront au fond du bateau, où elles s'empileront en attendant qu'on les débarque à l'arrivée à terre. Il est à noter que ce poisson, la sardine, se conserve très mal dès qu'il est mort; c'est pour cela qu'il est très difficile de faire arriver dans l'intérieur du pays de la sardine fraîche non salée; on est en fait toujours obligé de répandre sur elle un peu de sel, pour assurer sa conservation au moins partielle. D'ailleurs, si l'on utilisait les découvertes modernes, la conservation par le froid, si les bateaux étaient de grande taille et munis de cales avec installation frigorifique; si ensuite, à l'arrivée à terre, on pouvait charger cette sardine dans des wagons frigorifiques eux-mêmes, où une température basse serait constamment maintenue grâce à un dispositif mécanique d'usage courant aujourd'hui; la sardine fraîche pourrait sans difficulté atteindre les consommateurs à l'intérieur du pays. C'est cette difficulté de conservation qui a rendu l'invention de la préparation des sardines en boîte et dans l'huile si précieuse, et qui en a fait une industrie très considérable. Le métier de pêcheur de sardines est certainement pénible, mais, si l'on transformait les méthodes de pêche, il le serait beaucoup moins et deviendrait beaucoup plus productif et rémunérateur. C'est ainsi que, sur les côtes du Portugal et de l'Espagne, on n'attend pas la sardine à venir, on la poursuit pour ainsi dire; on met à l'eau des filets tournants, immenses filets grâce auxquels on peut encercler, entourer les bancs de sardines

Cl. International Press Agency.

LE MARCHÉ AU POISSON.

DÉBARQUEMENT DU POISSON A BORD D'UN CHALUTIER.

là où on les a découverts en s'éloignant plus de la côte qu'on ne le fait en France. On tire ensuite le filet tournant pour enfermer le banc de sardines dans une vraie muraille; et en resserrant le filet, on arrive à ce que les sardines, affolées, sont obligées de se mailler. La préparation même de la sardine dans les usines, depuis le moment où on la lave après lui avoir enlevé la tête et les intestins, jusqu'à l'instant où on la met en boîte en couches superposées pour la recouvrir ensuite d'huile d'olive et la faire cuire dans sa boîte une fois fermée, tout cela est fort intéressant; mais nous ne pouvons rien en dire. Nous serions entraîné beaucoup trop loin. La sardine, comme tous les poissons marins, fournit à bon compte une alimentation excellente.

Une pêche bien intéressante encore, bien pittoresque, et qui fournit également un excellent aliment, est celle du thon; elle se pratique souvent dans les parages où l'on pêche la sardine à d'autres moments; elle se fait d'ailleurs suivant deux méthodes différentes. Sur les côtes de Bretagne, de même que dans le sud-ouest de la France, on pêche le thon à l'aide d'une grande ligne armée d'une série d'hameçons; ce sont des lignes traînantes qui sont fixées à de grands bras, des sortes d'antennes que l'on aperçoit de part et d'autre du bateau à voiles, qui se déplace rapidement de manière à ce que les hameçons, agités par la marche, attirent l'attention des thons, qui se précipiteront pour se faire prendre. Quand le bateau thonnier n'est plus en pêche, on relève les deux antennes, qui se dressent élégamment de chaque bord. Dans la Méditerranée, on pêche le thon non pas à l'hameçon mais avec une senne ou encore avec le filet qu'on appelle *madrague*, et qui constitue une sorte de labyrinthe en filet : le thon pénètre entre les murailles de filet et arrive finalement dans ce qu'on nomme la chambre de mort, qui, elle, est munie au fond d'un filet mobile et horizontal. On peut, quand il y a suffisamment de poissons dans cette chambre, relever le filet mobile du fond, et il n'y a plus qu'à harponner, pour les tuer, les thons, et les mettre à bord du bateau.

Le hareng et le maquereau sont des poissons de consommation autrement courante que le thon et même que la sardine. On ne peut se faire une idée de la quantité de harengs qui se consomment chaque jour : c'est peut-être la pêche la plus abondante qui se fasse. On a pu dire jadis, sans exagération, que la Hollande lui devait sa prospérité : c'est en Hollande qu'on a commencé de traiter le hareng pour le saurir, et le hareng saur a servi à fonder Amsterdam. On estime d'autre part qu'en France, chaque année, il se pêche 50 millions de kilogrammes de harengs frais, représentant une valeur de 13 à 14 millions de francs. Nous devons dire que ce sont des pêcheurs français qui ont inventé au XIIe siècle le procédé de fumure et de fumage des harengs, qu'ils allaient chercher dans la mer du Nord. Mais, au siècle suivant, les Hollandais se mirent à pratiquer cette pêche, et ils nous dépassèrent bien vite : et au point de vue des bateaux qui s'y consacraient et au point de vue des prises en même temps que des méthodes qu'ils avaient perfectionnées. Le hareng se pêche la nuit à l'aide de grands filets où le poisson vient se mailler, se prendre par la tête et par les ouïes, de même que la sardine. Il est curieux, dans certains ports comme Boulogne, de voir arriver les bateaux avec leurs cales pleines jusqu'au bord d'une masse invraisemblable de harengs, qui oscille comme une sorte de gelée. Ces harengs sont chargés dans une série de tombereaux pour être portés sur le marché, et de là expédiés par chemin de fer. Souvent, malheureusement, les pêches sont trop abondantes; on ne trouve pas à les vendre tous, et l'on est obligé d'en employer une partie à fumer les terres; alors que tant de gens, dans l'intérieur du continent, n'ont pas de quoi s'alimenter à bon marché. Grâce aux perfectionnements des moyens de transport, à l'abaissement du prix de ce transport par chemin de fer, aux trains de plus en plus rapides que notamment la Compagnie du Nord fait circuler dans ce but, ce poisson peut de plus en plus atteindre le consommateur. C'est d'ailleurs précisément parce qu'il est abondant, que souvent le hareng est mis en conserve et expédié ainsi préparé. On en fait des conserves en boîtes qui coûtent, il est vrai, un peu cher. De toutes les préparations, c'est le saurissage qui a le prix le plus faible. Tout comme le hareng, le maquereau vient aussi par bancs périodiquement vers les côtes, après être demeuré pendant des mois dans les profondeurs de la haute mer. On connaît ce poisson aux couleurs brillantes, que généralement on pêche avec des lignes. Les bancs de maquereaux qui viennent à certains moments renferment des milliers et des milliers de ces poissons. C'est encore là un aliment bon marché et fort nourrissant. Chaque année on pêche en France au moins une douzaine de millions de kilogrammes de maquereaux, d'une valeur de 7 à 8 millions de francs.

Nous ne pouvons songer à suivre toutes les pêches qui se font soit en France soit ailleurs. Mais nous devons signaler la part si importante que prend le chalutage dans les pêches maritimes. C'est avec lui — et avec le chalut, sorte de filet qui a donné son nom au procédé de pêche — que l'on se procure la plupart des poissons que nous consommons sur nos tables. Le chalut n'est pas autre chose, en somme, qu'une énorme poche de filet, rappelant dans des proportions autres, le petit appareil de dragage et de pêche que l'on emploie parfois pour les crevettes, en le tirant derrière le bateau. Ce chalut est muni de perches en bois et de deux patins en fer ou encore de plaques de bois (quand il s'agit d'un filet spécial qu'on appelle à plateaux); ces dispositifs obligent la poche à conserver son ouverture toute grande ouverte durant le traînage du filet au fond de l'eau ; par conséquent, tout ce qui se présente à cette ouverture, les poissons petits et grands sont engouffrés dans la poche par suite de la vitesse que prend le bateau. Le bord inférieur de l'ouverture du chalut racle le fond. On fait d'ailleurs de très vifs reproches à ce mode de pêche, parce que l'on prétend qu'il détruit une bonne partie des petits poissons, sans utilité aucune, puisque le pêcheur les rejette à l'eau sans vouloir les garder pour la vente, sûr qu'il est de ne pas en trouver un prix rémunérateur. Les petits poissons sont rejetés alors qu'ils ont été meurtris et le plus souvent tués par leur séjour dans le chalut, au milieu de la masse grouillante des gros poissons qui se sont accumulés dans le fond de la poche. Les opérations de mise à l'eau du chalut comme son relevage sont longues, pénibles ; quand le chalut est complètement hors de l'eau et ramené au-dessus du pont du bateau, il faut saisir le fond de la poche, le tirer à l'aide d'un câble et, de la sorte, le poisson qui se trouvait dans ce fond tombe sur le pont du bateau. On en fait alors le triage, et on le place dans la cale du navire ; le plus souvent aujourd'hui on mêle à cette masse de poissons des blocs de glace, pour la maintenir à basse température et l'empêcher de se décomposer. Il y a d'ailleurs deux séries de bateaux chalutiers à notre époque : les anciens chalutiers, qui sont généralement de dimensions modestes, et souvent ne s'éloignent pas des côtes, dévastant précisément les lieux où le poisson se reproduit et où se trouvent les jeunes ; puis les chalutiers à vapeur, qui vont beaucoup plus loin par des profondeurs beaucoup plus grandes, et qui pêchent dans de bien meilleures conditions. Les chalutiers à vapeur, en effet, peuvent marcher à vive allure, quel que soit le vent, lors même qu'il n'y aurait pas de vent du tout ; tandis que les chalutiers à voiles sont immobilisés fréquemment par défaut de vent. Pendant ce temps, le poisson capturé qui se trouve dans le fond de la poche meurt, à cause de son entassement ; et quand on pourra ensuite relever le chalut, on y trouvera une masse de poissons fortement détériorés et avariés. Avec le chalutier à vapeur on a de plus le grand avantage de pouvoir relever le chalut à l'aide d'un treuil à vapeur lui-même, sans imposer aux hommes une besogne très pénible, très longue quand elle se fait à bras, qui demande le plus souvent deux heures et demie à trois heures. Ajoutons encore que le chalutier à vapeur, une fois la pêche faite, peut revenir rapidement au port, pour débarquer son poisson, le vendre, de manière à ce qu'il s'expédie à l'intérieur des terres en parfait état de fraîcheur.

Ce nous est une occasion de faire remarquer que le bateau à vapeur, pour la pêche comme pour le transport des marchandises ou celui des voyageurs, est étrangement supérieur à l'antique bateau à voiles. C'est pour cela que, dans les grands ports de pêche, on voit se multiplier les chalutiers à vapeur et même les cordiers ;

c'est-à-dire les bateaux qui vont faire la pêche avec des lignes auxquelles on donne le nom de cordes. Le seul inconvénient de ces bateaux à vapeur, c'est qu'ils coûtent fort cher, et que, par conséquent, les petits pêcheurs qui possèdent un modeste bateau à voiles ne peuvent guère se payer un bateau à vapeur. Au surplus, il se fait une autre transformation qui permet à des gens sans grandes ressources de se procurer un bateau muni d'un moteur mécanique. Nous faisons allusion aux moteurs à pétrole, moteurs automobiles que l'on peut même installer dans des bateaux de pêche déjà existants de faibles dimensions. Ce moteur a le grand avantage de ne pas nécessiter de chaudière, il n'est donc pas encombrant; d'autre part sa conduite est particulièrement simple, et peut être confiée au premier marin venu, quand on lui a donné quelques leçons dans ce but.

Nous ne devons pas oublier que la grande pêche qui se fait dans les environs de l'Islande, dans la mer du Nord et sur les bancs de Terre-Neuve pour capturer la morue, emploie des méthodes toutes particulières, très anciennes, pas toujours très profitables, mais en tout cas très caractéristiques. Cette pêche de la morue donne chaque année en France 64 à 65 millions de kilogrammes de morue, traitée de façons diverses, pour une valeur de 25 millions de francs. C'est depuis le xive siècle que la pêche de la morue fait l'objet d'une industrie particulièrement active; toutefois son importance comme fournisseuse de poisson séché ou salé diminue de jour en jour : tout simplement parce que, grâce aux chemins de fer, aux procédés de conservation par le froid, aux méthodes frigorifiques, comme on les appelle, on peut de plus en plus facilement expédier sur l'intérieur des terres du poisson frais, n'ayant subi aucune préparation spéciale de conservation. La morue se rencontre dans toutes les mers de l'hémisphère boréal, entre les quarantième et soixantième degrés de latitude. D'une façon générale, c'est dans les pays septentrionaux, comme le Danemark, la Norvège, en Islande, le long de Terre-Neuve, que ce poisson abonde. On peut même dire que le rendez-vous général des morues paraît être le grand banc qui s'étend devant Terre-Neuve; l'accumulation de ces poissons y est parfois extraordinaire, et leur voracité dépasse tout ce qu'on peut imaginer. C'est même ce qui permet de les prendre si facilement à la ligne, les lignes étant appâtées un peu avec n'importe quoi, morceaux de mollusques, de crabes, de merlans. La ligne est jetée à l'eau par un homme qui se tient debout le long du bord des bateaux à voiles allant d'ordinaire pêcher la morue; cet homme est constamment obligé de tirer la ligne d'un mouvement alternatif pour agiter l'hameçon, attirer l'attention du poisson, qui se précipite d'autant plus volontiers sur l'appât. Souvent aussi les lignes sont tendues sous la forme de lignes dormantes; on va les poser à l'aide de petits bateaux plats spéciaux, qu'on appelle des *doris*, et que leur forme permet d'empiler les uns sur les autres sur le pont des bateaux qui partent pour la grande pêche de la morue; les lignes

LES PARCS A HUÎTRES
A MARÉE BASSE.

sont retenues à des bouées qui permettent de les retrouver à la surface de la mer, dans les parages où se fait la pêche. Les hommes viennent, au bout de quelques heures, toujours en doris, pour relever ces lignes et décrocher le poisson capturé. Quand ce poisson est pris, il faut le préparer, ce qui est fait par des spécialistes installés sur le pont du bateau; le plus souvent on salera la morue, soit à bord du navire soit quelquefois dans des établissements installés sur la côte, sur la terre ferme, et où les doris et les pêcheurs viendront apporter le poisson pris. Afin de préparer la morue, on lui coupe d'abord la tête, puis on l'ouvre pour lui enlever les intestins et même une partie de la colonne vertébrale, la grande arête; on l'aplatit ensuite. Cette morue ainsi aplatie, étendue, est placée entre deux couches de sel; au bout de quelques jours, on la sortira de cette première préparation, et on la placera à nouveau au milieu du sel dans des barils, ou dans la cale même du navire. Très souvent aussi on la fait sécher au grand air; et d'ailleurs fréquemment la morue rapportée à l'état salé est mise à sécher à terre, par exemple dans la région de Bordeaux ou de la Rochelle, de manière à ce que toute humidité disparaisse, et à ce que sa conservation se fasse mieux. La morue séchée, du moins quand elle est bien préparée, se conserve très longtemps et fournit une matière alimentaire très nutritive, qui a toutefois le défaut d'être un peu salée et même filandreuse. On a bien soin de recueillir les langues, que l'on sale,

et qui constituent un aliment particulièrement délicat, et peu connu
de la plupart des gens. Quant au foie de morue, on en extrait une
huile employée en médecine, comme tout le monde le sait. On
utilise même les intestins, qui donnent la rogue servant à la pêche
à la sardine.

Il est deux autres industries tout à fait ingénieuses elles-mêmes,
sur lesquelles nous devons attirer l'attention, pour montrer encore
une fois toutes les choses que nous devons à la mer, du moment que
nous savons tirer parti des richesses naturelles qu'elle nous offre.
Il s'agit des moules et des huîtres. Bien entendu on peut trouver
les unes ou les autres à l'état sauvage, sur des bancs naturels, là
où elles se sont accrochées aux rochers et multipliées; mais on
s'est aperçu, après bien des siècles d'ailleurs, qu'on avait avantage
à les mettre, soit dans des bouchots pour les moules, soit dans des
parcs pour les huîtres, de façon à ce qu'elles se trouvent dans de
meilleures conditions d'alimentation et de multiplication; à ce
qu'elles fournissent une chair plus fine de goût, plus abondante,
et pour qu'elles résistent mieux aux ennemis innombrables qui,
dans la mer même, cherchent à s'en nourrir.

Les moules ne représentent pas une valeur comparable à celle
des autres pêches dont nous avons parlé : on en recueille chaque

FEMMES TRAVAILLANT DANS LES PARCS A HUÎTRES.

année pour 800 000 ou 900 000 francs; mais cette faible valeur
tient à ce que le coquillage se vend très bon marché, et qu'il en
faut par conséquent des quantités énormes pour correspondre à

une valeur un peu sensible. C'est par ailleurs un très gros avantage ; la moule constitue un aliment qui peut fournir, dans de très bonnes conditions, aux besoins des gens à bourse très modeste. C'est depuis le XIIIe siècle que la culture de la moule s'est introduite, grâce à un Irlandais naufragé dans la région de la Rochelle ; depuis lors elle s'est vulgarisée et faite ailleurs. Il faut, pour la moule, des parages particulièrement boueux, où le pêcheur enfoncerait souvent même jusqu'à disparaître, s'il ne prenait des précautions, et ne se servait, pour se déplacer à mer basse, d'une sorte de petit traîneau appelé *acon*, qui lui permet de glisser à la surface de la boue, en se poussant d'une jambe et sans enfoncer dans cette boue, dans cette vase marine. C'est l'Irlandais en question, qui s'appelait Walton, qui imagina l'acon, et qui, par hasard, remarqua que les moules qui se fixaient à des pieux en bois, eux-mêmes fichés dans la vase pour soutenir des filets, grossissaient beaucoup plus vite que celles qui se fixaient sur les rochers ; leur goût était bien meilleur. En conséquence de cette observation, il imagina les bouchots, qui sont composés de deux rangées de pieux disposées suivant un V dont l'ouverture est vers le rivage ; ces pieux sont reliés les uns aux autres par des entrelacements d'osier, des claies disposées à une certaine hauteur au-dessus de la vase. C'est là ce qui constitue les bancs de moules artificiels. C'est sur les claies que l'on vient fixer les moules que l'on a recueillies, jeunes moules, semence minuscule, grosses comme une graine de lin ; on dispose d'abord les jeunes moules dans un filet ; et, au fur et à mesure que le filet pourrit, les moules s'accrochent par une matière spéciale qu'elles sécrètent aux piquets et aux claies. Il faut beaucoup de soin pour ces moules ; on doit en éclaircir les rangs, les transporter de bouchots en bouchots, de façon à ce qu'elles trouvent toujours, dans les vases en suspension, quand la mer monte, de quoi se nourrir. Il leur faut un an de séjour sur les divers bouchots pour être propres à la vente.

Quant aux huîtres, on se donne encore beaucoup plus de peine ; c'est justifié, car l'huître de parc, l'huître cultivée est un coquillage de choix, d'un goût absolument exceptionnel, qui se vend autrement cher que la moule. Dans le courant d'une année, en France, pays dont les huîtres sont particulièrement renommées, on en pêche de 1 800 millions à 2 milliards d'unités, représentant une valeur de 24 à 25 millions de francs. Dans ce chiffre d'ailleurs, il faut comprendre non pas seulement les huîtres cultivées dans des parcs, mais encore des huîtres portugaises, des coquillages qui ne ressemblent pas tout à fait à l'huître indigène, à l'huître véritable, et qui se sont multipliées sur certaines côtes. Elles sont réellement d'origine portugaise, comme le dit leur nom. On sait que les plus célèbres des huîtres françaises sont les huîtres de Marennes, les huîtres d'Arcachon, celles de Cancale, qui sont de grosseurs différentes, et même de goût assez varié. Les huîtres que l'on met dans les parcs, que l'on y engraisse, que l'on transforme réellement par cette culture, sont fournies par le naissain, petites huîtres nées dans les parcs mêmes, ou encore par des huîtres indigènes, mais sauvages, que l'on pêche en mer au moyen des dragues. C'est généralement sur des tuiles creuses, ressemblant un peu à un demi-tuyau en poterie, que l'on dispose le naissain; les petites huîtres s'y fixent et commencent de s'y développer. Au bout de trois années, on peut les mettre dans les parcs; bassins disposés sur le rivage et de telle manière qu'ils ne soient jamais complètement à sec, et que l'eau salée, plus ou moins mélangée de l'eau douce des embouchures des rivières auprès desquelles on se place, pénètre dans le parc en renouvelant l'eau qui s'y trouvait, et en apportant aux huîtres de quoi se nourrir. Une des particularités des parcs de Marennes, c'est que l'huître cultivée est verte, ce qui modifie non pas seulement son apparence, mais aussi son goût. Les huîtres ainsi cultivées dans des parcs, et plus particulièrement dans des claies, parcs spéciaux que l'on n'ouvre à l'eau de mer qu'assez rarement, demandent des manipulations et des soins très délicats et multipliés; et c'est pour cela que ce coquillage, une fois cultivé, se vend toujours cher.

Nous ne pouvons omettre de signaler une pêche qui se poursuit depuis des siècles : celle de la baleine et des animaux marins d'espèce voisine, comme le cachalot. On pêche ces animaux principalement pour la graisse abondante qu'ils peuvent donner; d'autre part, les baleines fournissent des lames cornées, de caractère tout spécial, que l'on emploie dans le vêtement féminin, dans les corsets, sous le nom même de baleines; ce sont les fanons, pour employer le mot vraiment scientifique. Pour le cachalot, il fournit du lard et de l'huile, mais aussi une substance très précieuse, de l'ambre gris, qui est employé en parfumerie et en médecine, et se trouve dans l'intestin même de l'animal. Autrefois, ces gros animaux marins étaient chassés uniquement au harpon lancé à bras d'hommes. Les pêcheurs quittaient le bateau à voiles sur lequel ils étaient venus dans les parages où ils savaient rencontrer la baleine; et ils s'approchaient aussi doucement que possible des cétacés qu'ils apercevaient à la surface de l'eau, rejetant par leurs évents un jet d'air et d'eau bien caractéristique qui révélait leur présence. L'opération était très difficile, et même très dangereuse.

À l'heure actuelle, les harpons sont lancés par de véritables canons spéciaux installés à l'avant des bateaux de pêche à la baleine; on peut donc tirer à une assez grande distance, et il n'y a pas de danger que, dans sa course, l'animal fasse chavirer le bateau en obligeant la cordelette à laquelle est fixé ce bateau à se dérouler trop rapidement; il n'y a pas davantage de danger que la bête revienne sur le bateau et soit à même de le renverser. Ce sont des bateaux à vapeur que l'on emploie à l'heure actuelle pour cette pêche à la baleine.

On voit sans doute par tout cela que la mer est un monde immense, qui nous réserve les ressources les plus variées, soit pour notre alimentation, soit pour nos besoins industriels. C'est grâce à elle que certains ports de mer ont fait et continuent de faire une véritable fortune par leur industrie de la pêche. Nous pourrions citer par exemple, sur le littoral français, le port de Boulogne, où près de 5 000 marins se livrent à des pêches diverses, qui rapportent chaque année près de 25 millions de francs. Parmi les autres grands ports de pêche français, nous aurions à signaler Fécamp, Cancale, Saint-Malo, Saint-Servan, qui pratiquent principalement la grande pêche et surtout la pêche à la morue; Paimpol, qui lui aussi envoie de nombreux pêcheurs sur le banc de Terre-Neuve et en Islande; dans la région de Douarnenez et d'Audierne se fait la pêche à la sardine, de même qu'à Concarneau. A la Rochelle, on trouverait toute une série de chalutiers à vapeur et aussi de chalutiers à voiles, en même temps que de bateaux divers pratiquant les pêches les plus variées; dans la région d'Arcachon, il en serait un peu de même. Et que l'on pense que, dans une foule de pays étrangers, Angleterre, Belgique, Allemagne, etc., la mer fournit du travail et des aliments à des milliers et des milliers d'êtres humains.

LE BATEAU IMMÉDIATEMENT APRÈS SON LANCEMENT.

CHAPITRE X

LE NAVIRE, DE SA NAISSANCE A SA MORT

o   o   o

Que nos lecteurs ne rient point si nous disons la vie du navire ; pour ceux qui aiment la mer et les bateaux, pour le capitaine notamment qui commande le navire et qui a fait avec lui de longues traversées, parfois au milieu de tempêtes où il a dû la conservation de son existence à la solidité de la coque, à la puissance et à la sûreté de fonctionnement de la machine qui lui permet de fendre l'eau ; le navire est comme une sorte d'être animé, qui vit d'une vie spéciale.

La naissance du navire est préparée sur le chantier de construction ; c'est là qu'on rassemble ses éléments, qu'on donne forme à tout le bois, ou, plus couramment, à tout le métal qui va entrer dans sa coque, dans ses diverses parties constitutives ; aussi bien pour former son enveloppe extérieure, cette coque qui empêche l'entrée de l'eau et assure au bateau sa flottabilité, que pour servir à établir les organes de propulsion. Quand il s'agira d'un bateau à voiles, ce seront les mâts, les vergues ; pour un navire en métal, en fer ou, le plus souvent, en acier, il faudra établir la machine, la construire dans des ateliers spéciaux, par un travail minutieux de cet acier ; on ne devra pas oublier l'hélice ou plutôt les hélices qui assurent le déplacement, pas plus que les tuyaux qui emportent au dehors les fumées du charbon qu'on brûle dans les foyers. Sans doute la coque est à construire la première, puisque c'est dans son intérieur qu'on loge le reste, à commencer par les chaudières et la machine. C'est elle, cette coque, qui subit les assauts de la mer, qui doit résister à la violence des vagues.

Mais, la coque terminée, combien ne reste-t-il pas de choses à prévoir, à mettre en place pour « armer » définitivement le bateau !!! Que d'aménagements intérieurs, que de ponts, de cloisons, de mobilier, d'ornementation, de décoration, etc... quand il s'agit des immenses et luxueux transatlantiques modernes ! Sans doute la coque peut être, elle, considérée comme une boîte creuse et flottante ; néanmoins sa forme doit être étudiée de façon à ce qu'elle se déplace le plus facilement possible sous l'action des hélices ; et précisément les constructeurs de navires ont cherché, pendant des années et des années, et cherchent encore, peut-on dire, la meilleure forme à donner pour atteindre plus facilement le résultat que l'on poursuit. Au surplus, la substitution du métal au bois a entraîné des complications énormes dans les procédés de construction des coques de navires. Ce métal, pour un bateau donné, peut se présenter sous un poids et sous un volume plus faibles que le bois ; mais on le travaille de façon toute différente. Il est facile à comprendre, d'autre part, que la mise en place des machines de propulsion, soit les vieilles roues à aubes sur les côtés du navire, soit l'hélice et ensuite les hélices à l'extrémité arrière des bateaux, ont nécessité des modifications non moins importantes dans la forme de la coque, dans l'étude de ses dispositions. Pour le profane qui examine un navire à flot, et même pour celui qui a la bonne fortune d'en voir un complètement à sec, hors de l'eau, notamment dans les bassins de carénage où on les répare, les nettoie après tel ou tel voyage, ou encore sur les chantiers de construction même ; on ne se rend pas toujours compte des différences profondes dans la forme extérieure, dans la coque des divers navires.

D'une façon générale, on constate que la carène est pointue à l'avant, pour mieux creuser son chemin dans la masse de l'eau ; que, vers l'arrière également, elle est appointée, mais de façon moins accusée, et cela pour faciliter la marche ; car autrement il se produirait à l'arrière du bateau ce que l'on appelle une sorte de « succion » : l'eau qui se précipite à l'arrière pour reprendre la place qu'il occupait un instant auparavant, retiendrait pour ainsi dire le bateau dans sa marche en avant. En somme, la forme d'une coque de navire c'est un peu celle d'un poisson, mais d'un poisson qui ne s'enfoncerait pas complètement dans l'eau, parce que la coque du navire n'est pas complètement immergée (à moins qu'il ne s'agisse d'un bateau sous-marin qui, lui, est susceptible de se submerger). Cette coque comprend tout d'abord, dans le bas, une quille, sorte de poutre très longue, faite de bois ou de métal,

bien entendu, suivant qu'elle appartient à un bateau en bois ou en métal; elle joue un peu le rôle d'épine dorsale pour ce poisson d'un genre particulier qu'est le navire. Sur cette quille, viennent se fixer des espèces de côtes, pour continuer notre comparaison, côtes que l'on appelle des couples en langage maritime; ce sont ces membrures qui supportent la coque proprement dite, l'enveloppe étanche, la carène extérieure chargée d'empêcher l'envahissement de l'eau à l'intérieur de la charpente. Cette carène ou enveloppe étanche, c'est le bordé, comme on le nomme. Toujours pour continuer la comparaison assez juste en somme que nous avons commencée, disons que le bordé c'est tout à fait la peau du poisson; il faut donc qu'il soit aussi étanche que possible, afin d'empêcher effectivement l'eau extérieure de pénétrer à l'intérieur du bateau. Pourtant il en pénètre toujours un peu, malgré tout, soit qu'il s'agisse d'un bateau en bois, soit qu'il s'agisse d'un

bateau en métal; mais on évacue cette eau à l'aide de pompes, au
fur et à mesure qu'elle s'infiltre.

Pour consolider toute la charpente intérieure constituée de la
quille, des membrures, on prend des dispositions particulières;
dans les bateaux en métal tout au moins, on relie deux membrures
se faisant vis-à-vis à droite et à gauche, à bâbord et à tribord, par
une tôle verticale qu'on appelle une *varangue*. De plus, dans le
sens de la longueur du bateau, on rattache les membrures les unes
aux autres à l'aide de carlingues. qui forment une consolidation
sur toute la longueur du navire, et qui le font encore bien davantage ressembler à une longue poutre creuse dont les parois sont
pleines. D'ailleurs, le plus souvent, à l'intérieur, et pour doubler
pour ainsi dire la peau extérieure, le *bordé*, on dispose une peau
intérieure qui forme le *vaigrage*, et qui assure encore bien mieux
l'étanchéité. Ce ne sont là que des explications sommaires, mais
suffisantes pour faire comprendre le principe de la construction de
la charpente et de la coque du bateau. Nous devons ajouter que les
planchers horizontaux, les ponts qui sont installés à des hauteurs
différentes dans la coque, pour former les étages où on logera
soit les marchandises, soit les machines, où l'on installera les
soutes, les magasins contenant les approvisionnements, et en
particulier le combustible, ou encore pour recevoir les passagers en
y installant des cabines, avec des conchettes, des salles à manger,
des salons plus ou moins luxueux, suivant le genre du navire; tous
ces ponts, qu'ils soient en bois comme dans les anciens bateaux,
ou en métal, viennent encore contribuer à consolider l'ensemble.

Il ne faut pas se faire d'illusions. En dépit des enthousiasmes,
des préférences encore marquées de ceux qui sont fidèles aux
anciens usages, les navires en bois étaient et sont encore (quand
on en fait usage) bien inférieurs aux navires en métal; tout particulièrement au point de vue de la solidité, de la rigidité de la
charpente et de la carène. Les spécialistes ont bien montré les
inconvénients de l'emploi du bois. La charpente en bois, dans ses
diverses parties, ne peut se composer que de morceaux de bois
placés les uns à côté des autres ou les uns au bout des autres,
sans qu'on puisse les relier de façon sûre entre eux; c'est exactement le contraire de ce qui se passe pour la charpente métallique,
où les diverses pièces, les diverses tôles, les morceaux de métal de
formes et de dimensions variées, sont reliés de la façon la plus
sûre au moyen de ces énormes clous que l'on appelle des rivets,
que l'on pose à chaud, et dont on aplatit les extrémités de manière
à former une liaison intime. Dans la construction en bois, l'union
des divers éléments de la charpente, de la coque, ou même de la
peau extérieure avec ce qu'on peut appeler le squelette du bateau,
est obtenue au moyen de broches métalliques, de chevilles de

cuivre ou de fer, parfois de chevilles en bois, qui sont enfoncées dans des trous percés à la tarière; ces chevilles, ces broches prennent du jeu, au bout d'un certain temps, et d'autant plus que la pourriture du bois augmente assez rapidement ce jeu. Comme conséquence, les navires en bois sont exposés, ainsi qu'on le dit pittoresquement, à se délier. La charpente joue dès les premiers jours de l'existence du bâtiment, car elle se déforme; et, sous l'influence d'un chargement très lourd, cette déformation est encore plus sensible. La pourriture du bois dont nous parlions tout à l'heure commence souvent au cœur même des pièces, dans les nœuds, là où il reste de l'eau qui s'est infiltrée. Il est bien malaisé de visiter toute la charpente, de surveiller le navire, d'empêcher que la pourriture ne se fasse avec trop de rapidité. Ce que nous avons appelé tout à l'heure la peau extérieure, la carène proprement dite, composée d'épaisses lames de bois entre lesquelles on laisse un intervalle que l'on calfate en y introduisant de l'étoupe sur laquelle on passe du goudron ou du brai, demande un entretien minutieux, des soins multiples. Il faut refaire le calfatage, veiller au remplacement des chevilles, qui peuvent se casser ou prendre du jeu, comme nous le disions; il faut enlever les parties du bois atteintes par la pourriture, et y substituer des morceaux de bois remplaçant le vide fait par la partie enlevée.

Sans doute, pour les petits bateaux de pêche que l'on fait encore en bois, toutes ces précautions ne sont pas observées aussi minutieusement. Et c'est ce qui fait que souvent, parmi ces bateaux de pêche, il se produit des catastrophes imprévues; sous l'effet d'une tempête, la coque et la charpente se dissocient, le navire peut se rompre, au moins partiellement, et couler à fond. Il faut compter aussi avec les ravages que peuvent commettre certains petits animaux, les tarets, qui dévorent le bois en laissant à sa place une sorte de poussière sans consistance. Sans doute on voit bien parfois des navires en bois qui ont des années et des années d'existence; mais c'est chose rare: il faut, pour qu'ils en arrivent là, qu'on leur ait consacré des soins exceptionnels; et les navires en métal sont bien supérieurs.

A un autre point de vue, les dimensions des navires en métal ne sont plus limitées, au contraire de ce qui se passait quand il fallait les construire à l'aide de pièces de bois; et l'on a maintenant, avec ce navire en métal, un outil de transport solide, résistant, auquel on peut donner les dimensions extraordinaires dont nous avons parlé dans un chapitre précédent. Un bâtiment en fer, et à plus forte raison en acier, quand il est bien exécuté, peut être considéré à peu près comme aussi solide que s'il était fait d'un seul morceau de métal. Sans doute ces bâtiments métalliques sont sujets à des causes de détérioration, à la rouille notamment; mais on peut assez facilement entretenir leur charpente, leur coque, en les faisant passer de temps en temps au bassin de radoub; et ils arrivent à avoir une durée généralement énorme. Leur coque est beaucoup mieux entretenue, étanche sans aucun calfatage.

Si vous visitez quelque port de pêche de nos côtes, vous aurez sans doute encore occasion de suivre la construction d'un navire en bois. Il est très probable que ce sera du reste un bateau de très modestes dimensions; soit un bateau-pilote, un de ces petits navires, le plus souvent à voiles, qui se tiennent généralement près de la côte pour attendre les grands bateaux arrivant dans le voisinage du littoral et à l'entrée des ports; soit d'un de ces innombrables petits bateaux de pêche dont nous avons eu occasion de parler, qui se font encore presque toujours sur des dimensions très faibles, avec une coque, une charpente, un bordé en bois tout comme la mâture; la propulsion se faisant à l'aide de voiles fabriquées, comme le bateau, par des industriels locaux, par des voiliers dont l'industrie diminue chaque année d'importance, comme conséquence de la multiplication des bateaux à vapeur ou à pétrole. Même pour ces petits bateaux en bois, il faut, de la part des constructeurs et des charpentiers de navires, des hommes chargés de tailler les pièces de bois entrant dans la construction, des connaissances techniques assez développées. Avant de se mettre à la construction, il a été nécessaire de faire des dessins, des plans, des coupes du bateau; et il y a là une véritable technique. D'ailleurs, chez ces modestes constructeurs, sur les petits chantiers, toute cette technique est basée sur des traditions; et c'est ainsi que, dans tel ou tel port, on conserve depuis des années et des années, et l'on pourrait dire des siècles, un type de bateau se caractérisant par une telle forme déterminée de la carène à l'avant ou à l'arrière, par telle mâture, par telle voilure. Les gens du métier reconnaîtront à distance l'origine de n'importe quel bateau de pêche passant au large.

Il est amusant de suivre la construction de ces bateaux en bois, de voir les charpentiers de navires se servir de la hache et surtout de l'herminette, pour tailler les pièces de bois découpées au préalable à la scie, pour leur donner les formes assez compliquées des membrures, surtout vers l'avant ou vers l'arrière. Il est amusant également, quand le bordé a été mis en place, de suivre le travail des calfats qui, armés d'un maillet et d'un ciseau un peu émoussé, à forme spéciale, font pénétrer de force dans les joints du bordé l'étoupe qui servira à calfater, à empêcher l'eau de pénétrer par ces joints. Le choc alternatif des maillets de bois sur le ciseau de fer cause un bruit caractéristique vraiment pittoresque. Étant données les modestes proportions des bateaux de bois que l'on construit (la construction en bois n'a jamais affecté de dimensions comparables à celles des navires en fer, sans même parler des transatlantiques modernes), les chantiers où l'on construit les bateaux de pêche et les bateaux-pilotes n'ont que des installations assez sommaires. Il n'est pas besoin d'appareils de soulèvement puissants, pour mettre en place les pièces de bois qui entrent dans la composition de la charpente, de la quille, des membrures; tout le travail se fait à bras. Au fur et à mesure que la construction monte, les charpentiers

ACHÈVEMENT DE LA COQUE D'UN TRANSATLANTIQUE.

installent, de chaque côté du bateau, des chevalets sur lesquels ils mettent des planches; et ce sont là les échafaudages qui leur servent à poursuivre leur travail. Le lancement même du bateau, cette mise à l'eau dont nous allons parler dans un instant pour les grands navires, et qui présente tant de difficultés quand il s'agit d'un immense bateau représentant un poids énorme, se fait de la façon la plus simple pour les bateaux de bois.

La construction des grands navires métalliques est autrement compliquée; et le chantier à surface inclinée sur laquelle s'effectue cette opération, constitue un immense atelier, très souvent abrité par une toiture non moins énorme, disposée à très grande hauteur, pour laisser la possibilité de monter tout le navire sur des dizaines de mètres. Que l'on songe aux dimensions dont nous avons parlé pour les géants de la navigation moderne; il va de soi que la cale de construction, par sa hauteur, sa longueur, sa largeur doit dépasser encore les dimensions du navire. Généralement, de part et d'autre de cette cale, se trouvent des voies ferrées, sur lesquelles courent de grands échafaudages, métalliques eux-mêmes ; et, au sommet de ces échafaudages, sont des grues, des appareils de levage, de soulèvement, permettant de prendre sur le sol les éléments métalliques que l'on apporte pour construire le bateau, de les lever à bonne hauteur, et de venir les mettre en place là où on les rivera, où on les fixera, pour former aussi bien les ponts du navire que la carcasse proprement dite, la charpente, les membrures, la quille et le reste. Bien entendu, les pièces métalliques arrivant sur le chantier pour constituer la coque proprement dite, ou la charpente ou les ponts ou autre chose, ont été déjà travaillés dans des ateliers de métallurgie, qui dépendent de ces chantiers. Que l'on songe que les pièces entrant dans la constitution de la quille des plus grands transatlantiques modernes ont couramment de 1 à 2 mètres de large sur 10 centimètres d'épaisseur ; et bien que ces éléments soient multiples, chacun d'eux représente un poids formidable. Les plaques de tôle d'acier servant à la carène d'un *Mauretania* ont de 12 à 16 mètres de long, et le poids de chacune de ces tôles est de 4 000 à 5 000 kilogrammes. Pour amener en place une tôle de pareilles dimensions et de pareil poids, il est nécessaire de recourir à des grues soit électriques, soit à vapeur, les hommes n'ayant plus qu'à ajuster la pièce, tandis que la grue la soutient ; ils la fixent provisoirement en place sur les pièces déjà montées à l'aide de boulons, boulons qui sont ensuite remplacés par des rivets placés à chaud.

C'est précisément à cause du poids de métal qu'il faut manutentionner pour construire un des géants modernes, que les installations mécaniques des chantiers de constructions navales sont tout à fait remarquables à l'heure actuelle, remarquables autant que compliquées.

Souvent on peut faire déplacer au-dessus de la coque ce qu'on appelle un pont-roulant, énorme pont en effet, pont mobile formé de deux piliers verticaux réunis à leur partie supérieure par une passerelle métallique. Sur cette passerelle peuvent rouler des treuils qui ont pour but de transporter d'un bout à l'autre du chantier, au-dessus de la coque, et au fur et à mesure qu'elle monte en se terminant, les divers matériaux nécessaires à sa construction. Il y a beaucoup d'éléments du bateau qui pèsent autrement lourd que ces plaques de tôles dont nous parlions tout à l'heure ; les pièces d'acier fondu qui forment l'avant, c'est-à-dire l'étrave du bateau, ou encore celles qui sont à l'arrière, et dont l'une s'appelle l'étambot, pèsent couramment, pour les gros navires actuels, 60, 70, 80 tonnes et davantage. Il y a à mettre en place les arbres énormes qui commandent les hélices. Nous ne parlons pas de la mise « à poste » des chaudières et des machines, parce que souvent elle se fait alors que le bateau est déjà à l'eau, une fois qu'il a été lancé, et qu'on l'a amené le long d'un quai pour compléter son armement et ses installations. Nous verrons tout à l'heure que, si l'on procède de la sorte, c'est pour éviter que, au moment du lancement, le poids du navire ne soit trop considérable et ne gêne cette opération de lancement.

Nous avons en France de très grands chantiers de constructions navales, comme les chantiers de Saint-Nazaire à Penhoët, où vous pourriez saisir sur le vif tous ces travaux multiples que nécessite la construction d'un grand navire; vous y apercevriez notamment les énormes grues chargées de placer les éléments de la charpente et de la coque. Bien entendu, dès que l'on commence la construction de cette coque, on prend des précautions, non pas seulement pour la soutenir des deux côtés, par des bois posés de façon inclinée, et comme le montre bien les photographies que nous reproduisons ici; mais on s'arrange de manière à ce que la quille soit très notablement surélevée au-dessus du sol et posée sur des pièces de bois inclinées comme sur le chantier; de cette façon la charpente du navire se trouve à une certaine hauteur du sol, pour que les ouvriers puissent passer par-dessous, mettre en place les tôles qui formeront la coque proprement dite, river ces tôles; et d'autre part on peut, à la fin de la construction, tout disposer pour assurer le lancement du navire et son équilibre au moment où il glissera à l'eau. Sans vouloir insister longuement, nous dirons que certains chantiers de construction, soit en France, soit à l'étranger, occupent 5 000, 6 000, 7 000 ouvriers, et des surfaces de 20 à 25 hectares.

Étant donnés la complexité des aménagements intérieurs des navires modernes, leur luxe, les installations de toutes sortes qu'ils comprennent, notamment pour le bien-être et le confort des passagers ou encore pour obtenir la vitesse, la marche qui s'impose à l'heure actuelle; l'achèvement du navire une fois à flot, son armement complet nécessitent un travail qui dure des mois et des mois; on y fait appel aux corps de métiers les plus divers. Si, par la pensée, on pouvait couper un grand transatlantique en son milieu, par exemple, on verrait se présenter aux yeux la superposition des ponts et des aménagements innombrables qui se trouvent sur les ponts divers. Tout à fait dans le bas, reposant sur le fond de la coque, sont les chaudières énormes et multiples, qui donnent la vapeur aux machines; au même niveau, parfois à un niveau un peu supérieur, ce sont les machines mêmes; machines et chaudières sont placées dans la partie la plus basse, pour bien équilibrer le bateau, pour l'alourdir par le bas, et aussi pour laisser libres les ponts supérieurs où l'aération est toujours meilleure. A droite et à gauche des chaudières, sont les soutes à charbon, qui doivent en contenir des montagnes; il faut que ce combustible soit tout près des foyers, afin qu'on puisse l'y amener plus facilement. Plus haut se trouve un

premier pont où logent les voyageurs à bourse modeste, généralement les troisièmes classes ou les émigrants, occupant des cabines
ou tout au moins de vastes chambres qui ne prennent pas directement l'air au dehors, tout simplement parce que le pont où nous nous
trouvons est au-dessous de la flottaison, de la ligne d'eau. L'aération
se fait fréquemment par des sortes de puits carrés qui descendent
depuis les ponts supérieurs, les claires-voies; cette aération est
aidée puissamment maintenant par des ventilateurs. Les meilleures
places sont forcément les plus coûteuses : ce sont celles qui se
trouvent sur les ponts plus élevés, surtout sur les ponts supérieurs,
sur ceux que nous avons appelé les superstructures, à une hauteur
telle que les fenêtres des cabines, du moins les petites fenêtres
rondes que l'on appelle des hublots, puissent être à peu près continuellement ouvertes, si bon semble, en dépit du mauvais temps et
des vagues. Si donc nous remontons de pont en pont, à bord des
immenses transatlantiques modernes, nous trouverons d'abord des
cabines de seconde classe; puis plus haut des salons, des salles à
manger pour recevoir les passagers de seconde et de première;
au-dessus seront divers ponts avec des cabines où l'air entre à pro-
fusion par de véritables fenêtres; plus haut encore, des cabines plus
luxueuses les unes que les autres, des fumoirs, des salons de conversation, des bibliothèques, et sur plusieurs des ponts sont aménagés
des promenoirs couverts pouvant s'étendre sur une longueur considérable; plus haut enfin, nous apercevons les tuyaux des cheminées
qui laissent échapper les fumées et les gaz des chaudières logées dans
les fonds. Dans la partie la plus haute du navire, sur les ponts les
plus élevés, nous verrons les embarcations de sauvetage, la passerelle où se tient le commandant, etc. Tout cela nécessite, comme
de juste, des travaux extrêmement longs, extrêmement complexes
et coûteux.

Nous avons vu naître le bateau, c'est-à-dire que nous l'avons vu se
construire. Il faut maintenant comprendre comment on le lance à
l'eau. Quand il s'agit de petites embarcations, notamment de canots,
rien de plus simple que de les mettre à l'eau; soit qu'on vienne de les
construire, soit qu'on les ait mises au sec, qu'on les ai tirées à terre
parce qu'on ne devait pas s'en servir pendant un certain temps. C'est
bien un lancement auquel on procède pour un bateau de ce genre;
mais avec une embarcation de quelques mètres de long, ne pesant
que quelques centaines de kilogrammes, ce n'est pas difficile; on est
bien loin de ce qu'il faut faire avec un véritable navire, et à plus
forte raison avec les paquebots gigantesques dont nous avons parlé,
et qui atteignent un quart de kilomètre de long, et un poids formidable de dizaines de milliers de tonnes. Quand on fait glisser un
canot sur un sol en pente pour le mettre ou le remettre à l'eau, il
frotte bien sur ce sol; mais comme son poids est réduit, c'est tout

UNE VIE TROP COURTE, UN ÉCHOUEMENT SUCCÉDANT IMMÉDIATEMENT A UN LANCEMENT.

au plus si sa peinture en sera un peu rayée. Avec même les bateaux
de pêche dont nous parlions tout à l'heure, il faut certaines précautions. Quand on les a construits, on a posé leur quille, leur épine
dorsale, sur un chemin de glissement, formé d'une sorte de grande
gouttière en bois ; lorsque le bateau est terminé, on enlève peu à peu
les pièces de bois qui le soutenaient de côté et d'autre, on en laisse
quelques-unes dont on forme une sorte de berceau (c'est même le
mot que l'on emploie). Le bateau pourra glisser sur ces pièces de
bois disposées latéralement sur le sol, et, sous l'influence de son
poids, grâce aussi à des crics avec lesquels on le poussera vers
l'eau, ce bateau commencera à descendre sur la pente du chantier et à gagner peu à peu l'eau. Il faut d'ailleurs enduire savam-
ment de savon les portions du berceau et la quille qui vont frotter
sur les pièces de bois formant le chemin de glissement : mais tout
cela n'est guère difficile, puisqu'il s'agit d'un poids assez faible.

Pour un grand transatlantique, pour un grand navire moderne, si
l'on s'avisait de le faire porter sur son flanc comme le canot dont
nous parlions tout à l'heure, il va sans dire que, bien plus qu'un
bateau de pêche, il subirait de ce fait des détériorations terribles,
par suite de l'énormité de son poids. Son flanc s'écraserait, et la
pente du sol ne suffirait pas à le faire glisser à l'eau. On est donc
obligé, pour le lancement de ces grands navires, de recourir à toute
une série d'installations compliquées qui nécessitent de savantes
préparations. On imite un peu ce que nous avons vu faire pour les
bateaux de pêche en bois ; mais le chantier de construction, la glissière, le chemin de bois qui permet au bateau de glisser sur le sol,
et l'espèce de traîneau qui va supporter une partie du navire en
facilitant ce glissement, ber ou le berceau, prennent des dimensions énormes qui motivent des précautions spéciales. Le chantier
ou, comme on dit encore, la cale sur laquelle le navire a été construit, présente une pente aboutissant à l'eau et se prolongeant aussi
sous l'eau jusqu'à une profondeur convenable. C'est sur le sol de
cette cale qu'on a établi la glissière destinée à mener le navire jusqu'à la mer.

Quand celui-ci est achevé, on le voit bien droit, appuyé, non pas
sur le sol même de la cale, mais soutenu au moyen de pièces de
charpente portant sur d'autres pièces, les unes obliques, les autres
disposées en courbe, qui lui font déjà comme un berceau où il n'est
peut-être pas mollement couché, mais où du moins il ne peut
pencher ni à droite ni à gauche. Comme le sol est en pente, on a
calé bateau et berceau pour les empêcher de se déplacer suivant
cette pente, de glisser peu à peu jusqu'à l'eau avant que le moment
soit venu, et sous le poids même de la construction. Du moment où
le bateau est fini, ou du moins qu'il n'y a plus rien à faire à sa
coque, on peut le mettre à flot et achever ensuite ses aménagements

intérieurs. On prépare donc le lancement, on prend les mesures qui faciliteront ce glissement qu'on avait empêché soigneusement jusqu'ici. On remplace peu à peu les pièces soutenant le navire, mais appuyées sur le sol, par tout un ensemble de poutres qui vont lui former un nouveau berceau, et qui seront susceptibles de le suivre dans son déplacement, dans son glissement sur les pièces de bois longitudinales installées sur la cale. Ces pièces de bois, on va les enduire soigneusement de suif, ou plutôt d'un mélange dans lequel le suif tient une grande place, de façon à rendre plus facile le glissement du bois du berceau sur la surface des glissières. Jusqu'au moment propice, le navire est maintenu par de solides câbles, par des cales en bois enfoncées à l'avant du berceau, par des appareils divers que l'on peut enlever brusquement et même mécaniquement au moment voulu.

L'AVANT DE LA COQUE DE L'*Océanic*.

Autrefois, c'était à l'avant de l'énorme masse que se trouvaient les dispositifs d'arrêt; il fallait les couper ou les faire sauter à la hache; pour cela des hommes se logeaient dans des trous ménagés dans le sol, et ils devaient s'enfoncer brusquement dans ces trous au moment où le navire commençait de prendre son mouvement de glissement et de descente; il pouvait alors passer par-dessus eux sans les écraser. Souvent, au surplus, des accidents survenaient; et c'est pour cela que, à une certaine époque, il était classique de confier cette besogne à des condamnés auxquels on faisait grâce s'ils échappaient à ce danger. Aujourd'hui les dispositifs d'arrêt sont à la partie supérieure du berceau du navire, et le plus souvent ce sont des espèces de crans en métal dont le mouvement d'effacement, c'est-à-dire d'abaissement, est commandé par l'air comprimé ou l'eau comprimée.

Quand le moment est enfin arrivé, on va détacher les câbles de retenue, les couper brusquement, faire sauter les cales d'arrêt ou abaisser les crans mécaniques. On choisit toujours, pour la mise à l'eau, le moment où la mer est haute, afin que le bateau se trouve plus vite flotter. Le plus souvent, quand le navire n'est plus retenu par les arrêts divers dont nous parlions, sous la seule influence de la gravité, de son poids, comme il repose par son ber sur une surface essentiellement glissante, il se mettra en marche vers la mer en suivant la pente de la cale. Généralement, on procède au lancement, de même que l'on a procédé à la construction, l'arrière en avant, c'est-à-dire à la partie la plus basse de la cale; l'arrière est beaucoup moins effilé que l'avant, il oppose plus de résistance au déplacement dans l'eau; et le bateau, après son lancement, est susceptible de s'arrêter plus vite. Parfois le glissement ne commence pas sous la seule influence du poids, et c'est à l'aide de vérins que l'on donne une première impulsion au navire. En tout cas le glissement est d'abord lent; mais il s'accélère peu à peu; on voit les glissières et le suif fumer sous l'influence de la chaleur développée par le frottement; et c'est vraiment un spectacle majestueux que d'assister au lancement d'un de ces navires immenses comme on en construit aujourd'hui.

Il faut prendre des précautions pour que la descente ne soit pas trop rapide; les câbles qui sont disposés à l'avant se raidissent successivement, puis se rompent sous l'effort, au fur et à mesure que le bateau suit le plan incliné. Cela fait l'effet d'un frein. Nous n'avons pas besoin de dire quelles précautions doivent être prises dans une opération de ce genre, car le poids d'un navire, à l'heure actuelle même, non encore terminé, tel qu'on le lance, est de 20 000, 25 000 tonnes et davantage. C'est d'ailleurs parce que l'on sait maintenant, dans les lancements, manier des masses formidables, que, de temps à autre, des navires cuirassés sont lancés tout armés avec leurs machines, leurs chaudières, leur cuirassement, leurs tourelles. Afin que le bateau s'arrête aussi rapidement que possible dans son élan, il y a des hommes à bord au moment du lancement; ils mouilleront rapidement les ancres, quand le navire sera à un endroit propice, et celui-ci sera immobilisé; d'autant plus que la masse d'eau dans laquelle il est plongé brusquement va lui opposer une résistance énorme. Le bouillonnement formidable qu'avait causé l'entrée du navire dans l'eau cesse peu à peu quand le lancement est terminé.

Cette opération du lancement est précédée d'un baptême du navire; on lui donne solennellement son nom, avant de rompre les câbles de retenue et de lui faire prendre possession de l'élément qu'il va habiter sans doute durant des années et des années. Il faut que le navire ne garde point attaché à ses flancs le berceau de bois qui lui a servi à gagner l'élément liquide; une bonne partie de ces charpentes se dissocient sous l'influence de la vitesse du bateau et de la résistance de l'eau; mais il est essentiel qu'on en débarrasse complètement la coque, à laquelle d'ailleurs, le plus souvent, il y a des travaux complémentaires à effectuer. Et afin qu'on n'ait pas avoir à opérer sous l'eau à l'aide d'ouvriers munis de scaphandres, le navire est généralement conduit presque tout de suite dans un bassin de carénage, de radoub, où il est mis à sec, pour qu'on puisse le visiter complètement. C'est alors qu'on terminera réellement sa construction; les aménagements intérieurs seront effectués quand le bateau, remis à l'eau par l'ouverture des portes du bassin, pourra être conduit le long d'un quai, près des ateliers où se fabriquent les appareils, les aménagements, les ameublements, etc.

C'est alors que commencera la vie du navire, cependant pas avant qu'il ait subi des essais et une mise au point. Quand tout est terminé, que le bateau est absolument prêt, on le fait sortir du port avec des équipes d'ouvriers chauffeurs et mécaniciens très exercés, pour le conduire en pleine mer, où on lui fait exécuter des essais. On met en fonctionnement ses machines, afin de voir si elles répondent bien à l'espoir que l'on en a, si elles sont susceptibles de donner au bateau la vitesse sur laquelle on compte. Et si tout va bien, c'est alors que le navire sera mis complètement en service et qu'il commencera ses traversées sur les océans.

Cette vie du navire qui débute va durer pendant des années et même des dizaines d'années. Il va sans dire que tous les éléments de la construction du bateau se fatiguent, au bout d'un certain temps, qu'ils sont moins solides et moins sûrs que quand ils étaient neufs; au surplus, à notre époque, on n'attend pas que la sécurité du navire diminue pour le condamner, l'envoyer à la démolition, ce qui correspond à la mort pour lui. Les constructions navales ont beau coûter cher, on a avantage à employer des bateaux relativement neufs qui donnent plus de sécurité, et surtout que l'on peut munir de tous les aménagements, de toutes les installations modernes, de tous les perfectionnements, de machines nouvelles elles-mêmes assurant un fonctionnement plus économique, des traversées moins coûteuses. Dans les grandes Compagnies de navigation maritime possédant les immenses transatlantiques que nous avons pu visiter tout à l'heure, au bout d'une dizaine d'années généralement on retire du service les bateaux; cela ne veut pas dire qu'ils soient condamnés tout de suite. Généralement on arrive à les vendre à des compagnies, des entreprises secondaires qui les utilisent sur des lignes moins fréquentées, pour des voyageurs moins difficiles. Quand la condamnation à mort arrive, on tire le

bateau au sec, on le dépèce, on arrache tout ce qui peut se revendre ;
on sépare les plaques de tôle du bordé en coupant les rivets, les
morceaux de métal qui formaient les membrures, la quille. Tout cela
est envoyé dans les usines métallurgiques, pour servir à refaire du
fer et de l'acier qui entreront peut-être à nouveau dans la construction d'un autre bateau. Il existe des entreprises spéciales qui ont
pour métier d'acheter les vieux bateaux, de les démolir et d'en
revendre les éléments. C'est encore une supériorité des navires en
métal ; les charpentes, les bordés des bateaux en bois ne peuvent
généralement servir qu'à faire du bois de chauffage. La vie du
navire durera d'autant plus longtemps qu'il sera mieux entretenu,
qu'on lui fera toutes les réparations nécessaires, au fur et à mesure
qu'il en aura besoin, qu'on visitera souvent sa coque, qui est la
partie essentielle ; pour ces réparations, on trouvera dans les ports
un outillage, des installations dont nous reparlerons.

La mort du navire survient parfois brusquement, sous la forme
d'un naufrage, d'un échouement : le bateau, mal conduit, est
soumis aux dangers et aux hasards de la navigation ou de la tempête, il sera poussé sur un récif, mis à la côte sans pouvoir être ni
réparé ni renfloué ou remis à flot. Peut-être aussi, ce qui est beaucoup plus rare, périra-t-il en pleine mer et s'abîmera-t-il au fond de
l'océan : soit qu'un autre bateau l'ait abordé inopinément et lui ait
causé une blessure par laquelle l'eau pénétrera sans qu'on puisse
l'arrêter ; soit encore, chose exceptionnelle, parce qu'il sera trop
vieux, qu'on l'aura laissé naviguer trop longtemps, et que l'action
des vagues l'aura avarié de telle manière qu'il ne puisse plus flotter.
Aujourd'hui, cette mort brusque est beaucoup plus rare que jadis.
Nous verrons combien la sécurité a augmenté par suite d'admirables découvertes, et des progrès que l'on a réalisés dans la construction des bateaux et à bien d'autres égards.

LE REPAS DU MONSTRE.

CHAPITRE XI

LA VIE QUOTIDIENNE DU NAVIRE

o   o   o

CE n'est point tout de savoir comment on construit ces immenses bateaux, de connaître leurs dimensions, de savoir comment se sont faits les progrès de la navigation maritime. Il est intéressant aussi de se rendre compte de la vie quotidienne, de la façon dont est assurée l'existence du navire chaque jour, son alimentation, puisqu'il en réclame une en eau et en charbon pour ses machines; l'existence surtout des centaines, et même des milliers de personnes qui doivent y vivre durant toute une traversée. Sans doute la durée de ces traversées s'est-elle formidablement réduite depuis soixante-dix à quatre-vingts ans; là où l'on mettait de quinze à vingt jours, on n'en met plus que six ou sept, souvent cinq à peine. Mais nous avons expliqué que, pour arriver à ce résultat, il faut des machines gigantesques réclamant à chaque minute des masses de charbon. Et quand nous parlions de milliers de personnes, il n'y a aucune exagération.

Jules Verne écrivant sur les transatlantiques, à une époque pourtant où ils étaient étrangement plus modestes que ceux de notre époque, a pu les appeler des villes flottantes. Simplement à prendre le paquebot allemand *Kaiser Wilhelm II*, qui a été considéré comme une merveille en 1900, mais qui est aujourd'hui peu admiré pour ses dimensions, on y trouve 1 900 passagers, dont près de 800 de première classe, 350 de deuxième; du reste, déjà le *Campania*, de 1893, prenait à son bord plus de 1 700 passagers; quant au *Lusitania*, il en porte 2 350. Si nous considérions les paquebots tout à fait modernes, nous trouverions logés, nourris, chauffés, éclairés, blanchis, à bord du paquebot allemand *Imperator*, toute une population comprenant 700 passagers de première classe, 600 de seconde; 940 de troisième, 1 750 de quatrième classe. Pour assurer le fonctionnement normal d'un bateau de ce genre, il faut un personnel de 1 100 personnes; nous ne disons pas équipage, parce que, dans ces 1 100 personnes, nous verrons tout à l'heure qu'il y a une variété infinie d'occupations et de métiers, pour répondre à tous les besoins de la vie de la population de la ville flottante. L'*Aquitania*, un des nouveaux bateaux anglais, est destiné à porter 4 230 personnes, dont 660 passagers de première classe, 698 de seconde, 1 900 de troisième. Si nous visitons le plus grand et le dernier des transatlantiques français, la *France*, dont les dimensions ont été limitées forcément par les aménagements mêmes du port du Havre, nous n'y trouverons pas moins de 258 cabines ou plutôt chambres de première classe; de plus, pour les voyageurs de seconde classe on a installé 397 lits et 45 canapés-lits, qui correspondent naturellement au même nombre de passagers; quant aux troisièmes, elles sont aménagées pour 484 passagers.

Nous avons laissé déjà entendre le luxe d'installations qui se rencontre à bord des navires de ce genre : c'est ainsi que, pour l'*Imperator*, par exemple, certaines des cabines sont de véritables appartements complets avec chambre à coucher, salle de bains, salon, quelques-uns même comportant une salle à manger. Pour les passagers de première classe, il y a deux salons principaux, un restaurant, un jardin d'hiver, un hall, un salon pour les dames, un fumoir, et un café; il y a même une large piscine pour les bains, et toute une installation hydrothérapique. Les passagers de seconde jouissent maintenant des mêmes avantages qui étaient autrefois réservés à ceux de première classe : salle à manger, fumoir, grand salon, gymnase; même pour les passagers de troisième classe, il y a tout à la fois salle à manger, fumoir, salon de lecture. On comprend que, pour faire le service de ces appartements, de ces chambres, de ces salles à manger, de ces cafés, de ces restaurants, de ces établissements hydrothérapiques et du reste, il faut un personnel énorme et particulièrement varié.

Les passagers de première classe, en particulier, ont à leur disposition des garçons qui correspondent aux valets de chambre, et des femmes de chambre. Durant les repas qui se prennent dans l'immense salle à manger, — ou dans les immenses salles à manger, puisque, pour un bateau comme le paquebot français *France* il y a deux salles à manger superposées, — les repas se prennent aux accords d'une musique qui se fait entendre durant tout le service : ce sont souvent 500 à 600 personnes qui doivent être servies simultanément par des garçons, des maîtres d'hôtels, des cuisiniers. Que de simples laveurs de vaisselle ou de marmitons ne faut-il pas pour assurer le service dans les conditions de rapidité qui sont réclamées par tous! La question de l'alimentation, la recherche des menus et de leur variété est presque au premier rang des préoccupations durant une traversée; c'est qu'en effet non seulement

UNE CABINE DU PAQUEBOT *France*.

les occupations n'abondent pas, et le loisir laisse le temps aux gourmands de méditer; mais encore l'air marin aiguise l'appétit. C'est toujours au moins quatre à cinq repas qu'il faut compter par jour, depuis le thé ou le petit déjeuner du matin jusqu'au dîner en vêtements de soirée, sans parler du thé de quatre ou cinq heures.

On s'ingénie pour donner aux passagers des distractions multiples : ils n'ont pas seulement la possibilité de se promener au grand air sur certains ponts réservés à cet exercice, et où l'on pourrait parcourir aisément quelques kilomètres en ne revenant que sept ou huit fois sur ses pas; ce n'est pas seulement le fumoir où les hommes se réunissent, le salon des dames, délicieux boudoir où celles-ci peuvent aller causer, travailler, faire de la musique; on n'a pas oublié non plus la bibliothèque où chacun peut aller lire ou faire sa correspondance sur de confortables bureaux ; partout, maintenant, on trouve à bord de ces grands transatlantiques, notamment à bord de la *France*, une salle de gymnastique, puis une salle réservée aux jeux des enfants ; ils n'ont à craindre de troubler personne par leurs ébats : à bord de la *France* ils ont même une salle de guignol où, quotidiennement, des représentations leur sont données, où un personnel spécial fait manœuvrer les personnages du guignol, les fait parler. De même maintenant, à bord de ces immenses villes flottantes, on trouve au moins une fleuriste installée avec son éventaire toujours bien garni sur un des ponts-promenades ; les fleurs embarquées au départ se conservent absolument fraîches durant toute la traversée, jusqu'à la vente des dernières, parce qu'on les enferme dans une chambre frigorifique où la basse température les empêche de se flétrir.

Bien entendu, durant la traversée, l'orchestre qui est à bord — et qui lors de la terrible catastrophe du *Titanic* a joué jusqu'à la fin, avec un courage et une présence d'esprit admirables pour tranquilliser les malheureux que la mort menaçait — donne chaque jour des concerts ; souvent aussi, les passagers organisent par eux-mêmes des soirées musicales ou théâtrales ; les bals non plus ne manquent point. Nous pouvons ajouter que, grâce aux merveilles de la télégraphie sans fil, il s'imprime chaque jour, à bord du bateau, un véritable petit journal : pour la *France*, l'imprimerie qui fonctionne à bord comprend un personnel de trois imprimeurs ; le journal insère non seulement les événements même du bord, mais encore les nouvelles qui arrivent constamment par l'intermédiaire de la télégraphie sans fil, et qui tiennent les passagers au courant de ce qui survient dans le Vieux ou dans le Nouveau Monde pendant qu'ils traversent l'Atlantique.

Nous avons parlé tout à l'heure de l'armée véritable d'employés, de domestiques, de marins, de chauffeurs, de mécaniciens, qui constituent l'équipage et qui, sous la direction du commandant, sous celle plus particulière du commissaire du bord, assurent tout le service de la cuisine, le service des repas, nettoient les chambres, ou encore conduisent le bateau, les chaudières, etc. C'est naturellement le commandant qui est l'âme du navire, le chef supérieur ayant toute responsabilité et toute autorité ; il a près de lui, pour le seconder, six ou sept officiers, un médecin, qui surveille la santé de toute la population, et le commissaire, qui s'occupe de la vie matérielle, de l'alimentation, qui est comme le gérant de l'hôtel qu'est l'énorme bateau. Les matelots proprement dits ne sont pas nombreux, en dépit de la grandeur du navire : c'est qu'en effet, l'élément essentiel pour la marche du bâtiment, c'est la machinerie ; c'est d'ailleurs ce nombre assez faible de matelots qui, lors de la catastrophe du *Titanic*, a rendu difficile la mise à l'eau et la conduite des embarcations, des bateaux de sauvetage. Le personnel des machines, lui, est assez nombreux : sous les ordres du mécanicien en chef, qui, après le commandant, est l'homme le plus important du bord, se trouvent les mécaniciens conduisant les machines à vapeur qui actionnent les hélices; un certain nombre d'autres mécaniciens s'occupent des machines secondaires fort nombreuses : celles qui fournissent l'éclairage au bateau, celles qui envoient de l'air à l'intérieur de l'immense coque pour assurer la bonne ventilation à toutes les cabines. Il faut de 20 à 30 graisseurs qui ont pour unique mission de verser de la graisse ou de l'huile sur toutes les parties du mécanisme, afin qu'il tourne bien. Tout naturellement, quel que soit le genre de machines motrices adoptées, il faut bien leur fournir de la vapeur; tout comme les anciennes machines à pistons, les turbines à vapeur ont besoin qu'on leur distribue le fluide qui les fait tourner. Même pour un bateau comme la *France*, relativement

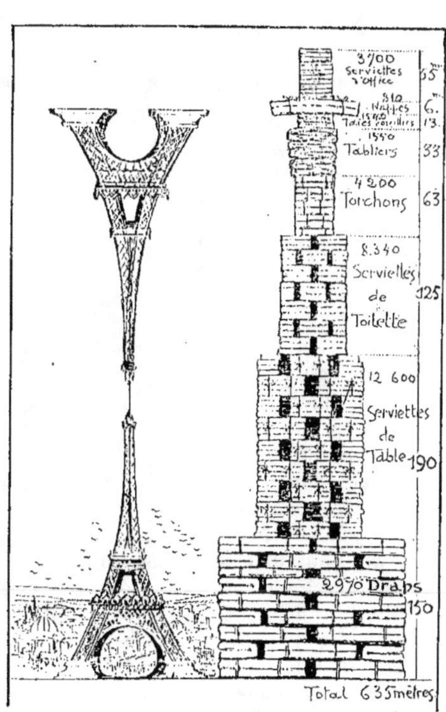

CE QU'UN TRANSATLANTIQUE EMPORTE DE LINGE POUR UNE TRAVERSÉE DU HAVRE A NEW-YORK.

modeste par ses dimensions, il ne faut pas moins de 20 foyers pour produire dans les chaudières chauffées par ces foyers la vapeur indispensable. Dans une heure, ces foyers engloutissent et dévorent 30 tonnes de charbons, qui produisent, dans ce même temps, 270000 kilos de vapeur; celle-ci est lancée dans la canalisation qui la distribue à toutes les machines à une allure de plus de 400 kilomètres à l'heure; et, dans les ailettes des turbines, sa vitesse est comprise entre 200 et 400 kilomètres. On ne s'étonnera pas après cela, quand nous dirons que, même pour un transatlantique de proportions relativement faibles, il faut un ensemble de 80 chauffeurs au moins, chargés d'engloutir continuellement dans les foyers le combustible pendant toute la traversée. Il faut encore une soixantaine au moins de manœuvres, qui ont pour mission d'apporter constamment aux chauffeurs le charbon nécessaire, en allant le chercher, au moyen de petits wagonnets roulant sur d'étroites voies ferrées, jusque dans les soutes où ce charbon est emmagasiné.

Il est essentiel, comme de juste, que les passagers ne manquent de rien, ni de lait pour leur petit déjeuner, ni d'eau fraîche, ni de glace, ni de vin, pas plus que de pain fabriqué le jour même : nous ne sommes plus au temps ou l'on embarquait au départ tout le pain nécessaire pendant la traversée. Tout doit se passer au moins aussi bien que dans les meilleurs hôtels à terre, depuis le premier jusqu'au dernier jour de la traversée. Les repas offrent des menus aussi variés et aussi abondants qu'on peut le désirer. Comme, pendant toute cette traversée, on est séparé du reste du monde, il faut que le bateau contienne dans ses flancs des approvisionnements de toutes sortes, tant en viande qu'en légumes, qui se conserveront frais, grâce aux chambres frigorifiques ; quant aux vins, à la bière, à la farine pour le pain, les approvisionnements sont énormes tout comme le linge de table et de toilette. Un des paquebots ordinaires de la Compagnie transatlantique, partant du Havre pour New-York, traversée pourtant bien courte, emportera 14 à 15 bœufs débités dans ses chambres

CE QUE MANGE ET CE QUE BOIT UN TRANS-
ATLANTIQUE. LA CONSOMMATION DE CAFÉ, DE
LAIT ET D'ŒUFS PENDANT UNE TRAVERSÉE.

froides, une dizaine de veaux, une trentaine de moutons et presque autant d'agneaux, 1 500 à 1 600 poulets, des centaines de kilos de poisson frais, 500 à 600 choux, 12 000 à 15 000 litres de vin, encore bien davantage de bière, au moins 1 000 à 1 200 litres de lait, 200 ou 300 kilos de chocolat, quelque chose comme 40 000 œufs, 1 500 à 1 800 kilos de beurre; et bien d'autres articles alimentaires que nous passons sous silence. Il ne faut pas oublier 500 à 600 tonnes d'eau douce, chose essentielle.

Mais il ne faut pas se figurer que ce soient les êtres humains qui réclament les approvisionnements les plus volumineux. Les machines, pour un transatlantique de 200 à 210 mètres, exigent au moins 1 100 tonnes d'eau; on en met une partie dans les réservoirs spéciaux; on complète l'approvisionnement en distillant de l'eau de mer en cours de route. L'appétit des machines n'est pas moins énorme en matière de charbon; nous avons dit tout à l'heure ce qu'on en lance rien que dans une heure sur les foyers d'un bateau comme la *France*; pour un transatlantique comme le *Kaiser Wilhelm II*, la consommation quotidienne de charbon est de près de 700 000 kilogrammes. Et encore il faut songer à l'imprévu, qui peut venir prolonger la traversée. Pour le *Britannia* de 1840, toute la traversée n'en demandait que 570 tonnes; il en faut maintenant 5 000 pour le *Lusitania*.

CHAPITRE XII

COMMENT ON SE DIRIGE EN MER

o o o

Nous aurons l'occasion de montrer combien, en dépit de ce qu'on pense parfois, la sécurité est aujourd'hui grande en matière de navigation maritime; sans doute, quelques accidents, parfois terribles, se produisent-ils encore; mais, grâce aux multiples appareils dont on dispose, grâce aux modes de construction perfectionnés de la coque même du navire, aux phares, aux balises dont nous parlerons aussi, les catastrophes, les accidents mêmes sont autrement plus rares qu'il y a seulement une cinquantaine d'années. D'une manière générale, on peut dire que, dans les bateaux modernes, surtout dans les grands navires à vapeur sans doute, mais même pour les petits bateaux qui font la navigation au cabotage, ou pour les bateaux de pêche, on s'est mis à essayer de tirer parti des progrès de la science, afin de se prémunir ou de se mettre en mesure de lutter contre les dangers qui peuvent menacer une frêle coque de navire se trouvant loin de la terre, en plein océan.

Tout naturellement, un des points les plus importants, c'est de savoir où l'on va : on pourrait parfaitement s'égarer, demeurer sinon des mois, au moins des jours dans cette plaine liquide, dont on ne voit pas la limite, où rien n'indique le chemin à suivre. Certes, elle est sillonnée par bien des bateaux à l'heure actuelle, étant donnée l'importance de la navigation; mais cela ne veut pas dire qu'on ne puisse rester longtemps sans rencontrer personne, sans l'apercevoir ou sans qu'il vous aperçoive lui-même. Il ne faut pas oublier que la terre est ronde, et que, à une certaine distance, vous ne verrez que le sommet de la mâture du navire. Et si l'on n'emporte que des approvisionnements pour un voyage très court, on serait bel et bien exposé à mourir de faim et de soif le jour où seraient épuisées les provisions embarquées. Il faut d'ailleurs savoir se diriger même quand on approche des côtes, quand elles sont en vue; car ces côtes sont parsemées de récifs, les courants ou les vents pourraient vous faire échouer sur des rochers ou des bancs de sables sous-marins; le navire serait alors exposé à s'entr'ouvrir, l'eau envahirait sa coque. Et alors même qu'il ne coulerait pas, équipage et passagers seraient menacés de graves dangers, si un secours quelconque ne venait de l'extérieur, ou si le bateau ne permettait pas à ceux qui le montent de chercher à gagner la terre plus ou moins voisine.

C'est dans le courant du XIXe siècle que se sont faits les très grands progrès permettant au capitaine du navire, aussi bien de se diriger à la mer, que de reconnaître chaque fois qu'il le désire la position exacte où il se trouve par rapport à l'immense nappe sur laquelle il navigue, ou aux terres qui entourent cette nappe de côté et d'autre. C'est aussi à une époque récente que l'on a utilisé méthodiquement les signaux de jour et de nuit, qui avertissent le navigateur de l'approche de la terre, qui lui indiquent l'entrée dans les ports. Cependant il y a plus de quatre siècles que certaines heureuses inventions ont permis, de façon primitive au moins, de tracer à l'avance la route qu'on suivra, et de s'y conformer à peu près exactement. C'est principalement au XVe siècle que cette véritable révolution s'est faite dans les procédés de navigation; c'est grâce à cette découverte que l'audace des navigateurs n'a plus connu de bornes; que les Portugais, par exemple, ont osé descendre jusqu'au sud de l'Afrique, passer, doubler le cap de Bonne-Espérance, qu'ils ont appelé cap des Tempêtes. C'est grâce à ces découvertes également que Christophe Colomb, avec une persévérance incroyable, a réussi à atteindre l'Amérique, ce qu'on devait appeler les Indes Occidentales.

Il va de soi que, pour diriger le navire, il avait fallu inventer le gouvernail; primitivement, on gouvernait, comme cela se fait encore quelquefois dans certaines circonstances, à l'aide d'un aviron installé à l'arrière du bateau. Le gouvernail est autrement commode et sûr; c'est une sorte de surface verticale qu'on peut incliner à droite ou à gauche, tandis que marche le navire; et l'eau vient frapper cette surface, oblige l'arrière du bateau à se déplacer, ce qui amène un changement de direction inverse de l'avant. Par conséquent, lorsque le gouvernail s'incline vers la droite, le bateau vient lui-même à droite. Nous trouvons la chose très simple maintenant que nous en profitons couramment, mais c'est extrêmement ingénieux.

D'ailleurs, ce qui a facilité encore bien davantage la manœuvre du gouvernail, ce qui était indispensable au fur et à mesure que le bateau prenait une taille plus grande, c'est que le gouvernail n'est plus actionné

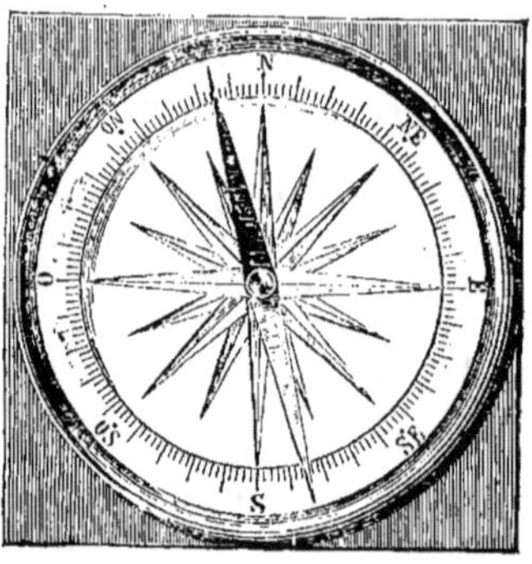

UNE BOUSSOLE INDIQUANT LA DÉCLINAISON.

directement à bras d'hommes; il est commandé tout au moins par des chaînes qui sont posées sur une roue de gouvernail, munie à son pourtour d'une série de barres : ce sont comme des leviers permettant, sans un grand effort, d'obtenir les mouvements du gouvernail même. Depuis déjà longtemps, à bord des grands bateaux à vapeur, on dispose de toute une série d'appareils mécaniques à vapeur aussi pour gouverner : c'est ce qu'on appelle le servo-moteur, imaginé pour la première fois par notre compatriote Farcot. La petite roue de manœuvre qui est actionnée dans la chambre ou sur la passerelle surélevée où se tiennent le capitaine et les hommes de la timonerie, introduit la vapeur dans tel ou tel cylindre; le piston du cylindre actionne lui-même des engrenages qui, au moyen de chaînes, agiront sur le gouvernail. Il y a même des appareils électriques qui rendent la manœuvre encore plus simple.

Ceci, c'est la direction matérielle du bateau. Mais, ce dont il y a aussi à se préoccuper, c'est ce que les marins appellent la route à la mer, la direction même dans laquelle il faut diriger la marche du navire pour atteindre le but que l'on se propose, le port par exemple que l'on veut gagner. Dans les premiers temps de la navigation, les ancêtres lointains des marins d'aujourd'hui naviguaient avec une très grande prudence : il n'était donc pas très difficile pour eux de déterminer cette route à la mer. Ils ne perdaient pas de vue les côtes; ils n'affrontaient pas la haute mer, comme on dit; ils faisaient de la navigation côtière, longeant le

rivage à une distance assez faible pour le voir continuellement et
pour être sûr de gagner la terre ferme dès qu'ils le voudraient ou
en auraient besoin. Certainement aussi ces navigateurs s'arrêtaient
tous les soirs; ils ne naviguaient pas de nuit, parce qu'alors ils
auraient été complètement à l'aveuglette : chose d'autant plus
dangereuse qu'ils étaient près du rivage, de ses récifs, de ses hauts
fonds. A la nuit tombante, ils tiraient leurs bateaux sur la plage,
pour recommencer leur voyage le lendemain; cette habitude s'est
conservée très longtemps, parce qu'on se trouvait toujours en face
de la même difficulté : on n'avait pas de point de repère pour se
diriger dans l'obscurité. Nous n'avons pas besoin de dire que ce
mode de voyage n'était pas précisément rapide; d'autant que,
comme on suit toutes les indentations du littoral, on ne va pas au
plus court.

Au surplus, la navigation tout près des côtes est particulièrement
dangereuse, à cause des courants, à cause aussi des écueils. Sans
doute les navigateurs experts arrivaient, au bout d'un certain
temps, à connaître les parages qu'ils avaient l'habitude de fréquenter : ils savaient où l'on pouvait passer sans danger au milieu
des bancs et des récifs qui bordent si souvent la côte. Dès longtemps on avait imaginé un instrument qui
s'appelle la sonde, et qui, même à l'heure
actuelle, sous une forme assez peu modifiée,
est susceptible de rendre
de très grands services :
c'est une espèce de corde
portant à son extrémité
inférieure un poids très
lourd, primitivement une
pierre, aujourd'hui un
morceau de plomb. On
laisse descendre plomb
et corde dans l'eau, jus-
qu'à ce que le poids tou-
che le fond; de cette
manière on peut se ren-
dre compte de la profon-
deur de l'eau, savoir si
le bateau est exposé à
toucher le fond, à s'é-
chouer; et même, par
l'habitude simplement,

HOMME A LA ROUE DU GOUVERNAIL DE BARRE.

en présence de la profondeur que l'on a reconnue ainsi, on est
arrivé à savoir à peu près dans quels parages on se trouve. Les
connaissances que les navigateurs de jadis acquéraient ainsi peu

à peu se transmettaient de marin à marin. On parvenait à savoir ce que devait durer tel ou tel voyage, si l'on faisait la bonne route ; on reconnaissait, mesurait et se rappelait la distance séparant un port d'un autre. Petit à petit, on dressait des cartes marines, tout à fait élémentaires, il est vrai, mais qui donnaient la configuration générale de la côte ; elles indiquaient qu'en tel point on avait à redouter des roches sous-marines, qu'en tel autre était un banc de sable ; que par suite il fallait passer plus ou moins près du littoral. En somme, les cartes marines savantes et complètes que l'on dresse maintenant avec des instruments perfectionnés sont filles de ces cartes marines de jadis ; de celles notamment que dessinait Christophe Colomb, quand il habitait le Portugal et qu'il se préparait à ses expéditions vers l'Amérique. Sur ces cartes marines, on voit indiquées les profondeurs en des points principaux ; on y voit également indiqués les phares et les feux divers qui éclairent la côte, signalent les dangers, facilitent la route aux navigateurs, depuis qu'on multiplie si heureusement ces signaux lumineux.

Il est à noter que, même à notre époque, on pratique encore cette navigation côtière ; bien souvent, les petits bateaux que l'on appelle des caboteurs, qui vont de cap en cap (car ce mot de caboteur vient de là), s'astreignent à ne pas perdre de vue la côte, et n'emploient guère, pour se diriger, que les procédés primitifs qui servaient sur les navires des marins d'autrefois ; ils utilisent tout au plus cette boussole, qui fait partie des inventions admirables survenues vers le xvᵉ siècle et ayant modifié du tout au tout la navigation maritime. Du reste, ces petits caboteurs naviguent d'autant plus facilement la nuit que la ligne du rivage est éclairée de signaux lumineux, ces phares et ces feux de toutes sortes auxquels nous faisons allusion, et qui étaient on peut dire complètement ignorés il y a encore seulement quelques siècles.

Au fur et à mesure que l'on connaissait mieux les côtes sur des distances plus considérables, que l'on avait à sa disposition des cartes assez complètes, mais montrant qu'il y avait des terres, des pays à visiter de l'autre côté d'une nappe d'eau assez étendue comme la Méditerranée, on s'était mis à développer le commerce maritime et la navigation. L'audace des navigateurs devenait plus grande. Il faut dire aussi que la science astronomique commençait à faire des progrès et allait donner à la navigation un concours de plus en plus précieux. On s'était aperçu que l'observation des astres, et en particulier de certaines étoiles, fournissait le moyen de se diriger suivant la direction rectiligne du sud au nord par exemple, pour gagner un point qu'on savait être au nord du point même de départ. C'était là comme un fil conducteur à travers l'étendue de la mer, un point de repère. Cela devait du reste amener à reconnaître les quatre points cardinaux, fournissant quatre grandes directions : du moment qu'on avait la direction du

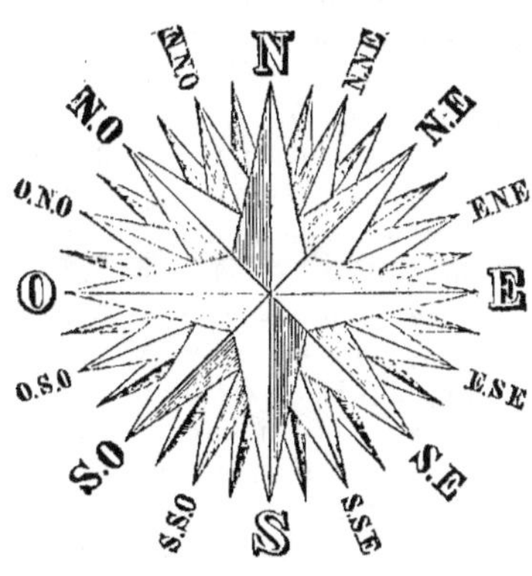

LA ROSE DES VENTS.

nord, on trouvait celle du sud exactement à l'opposé; et si l'on traçait une ligne droite perpendiculaire à la ligne nord-sud, faisant avec elle angle droit, on trouvait l'est d'un côté, l'ouest à l'opposé. On pouvait au surplus intercaler des directions intermédiaires, en divisant en deux, en quatre, en huit parties égales, l'angle droit compris par exemple entre le nord et l'est. C'est ce qui a donné la rose des vents; et c'est l'association de cette rose des vents avec la boussole qui permet en très grande partie à l'heure actuelle la direction des navires. Pendant bien longtemps on n'a pas eu la boussole, mais on avait remarqué (et il semble que ce soient les navigateurs Phéniciens) qu'une étoile restait sensiblement immobile dans la voûte céleste, tandis que les autres se déplaçaient par un mouvement de rotation; elle paraissait être l'extrémité de l'axe autour duquel semble tourner la voûte céleste. Et comme elle se trouvait constamment dans la direction du pôle nord, elle formait par suite comme un phare conducteur pour les navigateurs. Cette étoile, qu'on appelle, l'étoile polaire, les marins d'Italie, bien des siècles plus tard, l'appelaient la *tramontane*, l'étoile située au delà des monts; et il est resté dans le langage une expression qui dérive de ce rôle si important de la Polaire : on dit perdre la tramontane, tout comme on dit perdre le nord, c'est-à-dire ne plus savoir se conduire, ou se diriger; être comme les marins qui ne retrouvent plus l'étoile polaire pour se guider. Chez les gens des rives nord de la Méditerranée, cette étoile méritait le nom de tramontane parce qu'elle semble se montrer au delà des montagnes. Ce vieux nom a disparu peu à peu après avoir

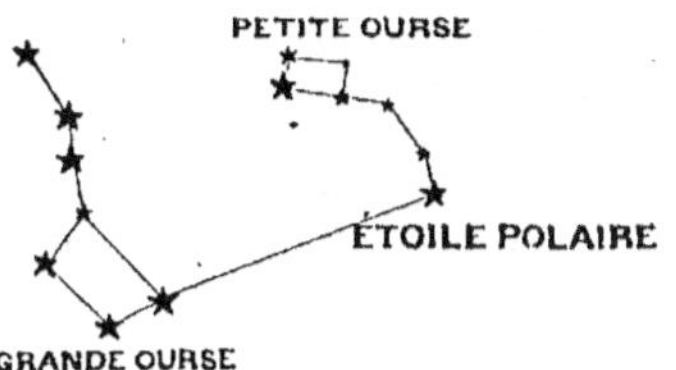

L'ÉTOILE POLAIRE AU MILIEU DES CONSTELLATIONS.

été employé dans presque tous les pays; seule l'expression proverbiale s'est conservée. On a du reste perdu l'habitude de se guider

sur cette tramontane, parce qu'une invention précieuse entre
toutes est venue faciliter la navigation et la traversée des mers,
en donnant aux navires, en tout temps, la nuit comme le jour,
la direction du nord. L'organe essentiel de la boussole est un
aimant : aimant naturel qu'on trouve dans la terre, principalement
en Suède ou en Norvège, ou aimant artificiel fait d'acier trempé
soumis à un traitement spécial. Si l'on place un aimant, petite
barre ou aiguille, sur un pivot pointu au sommet duquel il peut
tourner, il s'oriente immédiatement toujours de la même façon, une
de ses extrémités regardant constamment du côté du nord.

Les Chinois n'ignoraient pas la propriété spéciale de l'aiguille
aimantée, il y a sans doute des dizaines de siècles; les Arabes, qui
entretenaient des relations avec eux, apprirent ses propriétés; ils
les utilisèrent en Asie, en Afrique et sur l'océan, car ils étaient de
hardis navigateurs. Au xiiie siècle, la boussole, sous sa forme très
élémentaire, s'était introduite dans l'ouest de l'Europe, sous le nom
de rainette ou marinette; mais, au xive siècle, Flavio Gioja la
transforma, en plaçant l'aiguille sur un pivot, en l'enfermant dans
une petite armoire vitrée, et en divisant le cadran au-dessus duquel
elle peut se déplacer, suivant les branches de la rose des vents;
c'est en somme à peu près sous cet aspect que se présente la
boussole des navires modernes ou compas de mer, comme on
appelle cet instrument quand il est perfectionné. C'est toujours
une aiguille aimantée pouvant tourner librement sur un pivot dans
une boîte; l'aiguille est disposée sur une feuille de carton très
légère où est indiquée la rose des vents. Bien entendu, dans les
bateaux bien organisés, la boussole qui sert à donner la direction
aux navires, c'est-à-dire à son capitaine ou à son timonier, est
généralement placée dans une petite armoire de cuivre, vitrée par
en haut; cette petite armoire est éclairée la nuit et porte le nom
d'habitacle.

Si nous voulions tout à fait être exact, nous dirions que l'aiguille
aimantée ne se dirige pas vers le nord absolu; elle subit une
déviation qui s'appelle la déclinaison, et dont on doit tenir compte
en navigation; ce sont là des détails que nous ne pouvons songer à
expliquer. Le compas est suspendu dans des conditions toutes particulières, de manière à demeurer toujours bien horizontal, malgré les
inclinaisons du navire dans tous les sens, sous l'action des lames;
d'ailleurs, sur la paroi de la cuvette du compas, est tracée une ligne
droite exactement dans la direction de la quille du bateau; et quand
une des pointes de la rose des vents collée sous l'aiguille aimantée
se trouve en face de cette ligne noire, c'est que le navire fait route,
comme on dit, vers le point cardinal correspondant à ce point de la
rose, par conséquent suivant un angle correspondant avec la
direction du nord. Il est facile de comprendre d'après cela que, si

l'on gouverne le bateau de manière à ce que sa ligne de foi, la ligne droite tracée sur la cuvette dont nous parlions, se maintienne sur tel point de la rose des vents, on arrivera à lui faire suivre la direction arrêtée au départ pour gagner telle ou telle terre, tel ou tel port.[1]

Nous allons voir que c'est là quelque peu la théorie, en ce sens que la boussole ne suffit pas pour se diriger durant un voyage maritime; et pourtant c'est avec elle, grâce à elle que les Français, sous le règne de Charles V, puis les Portugais se lancèrent le long de la côte d'Afrique; grâce à elle que ces navigateurs portugais atteignirent les Indes par le Cap; que le Nouveau Monde fut découvert. Bien des circonstances peuvent obliger à la mer à dévier de la route droite; les vents et les courants font dériver le bateau; et il est absolument indispensable de recourir à d'autres appareils pour savoir constamment les divers points de la surface des mers par lesquels on passe; pour savoir quelle route réelle on fait, et se rendre compte à l'avance du moment où l'on va se trouver dans les parages dangereux des côtes.

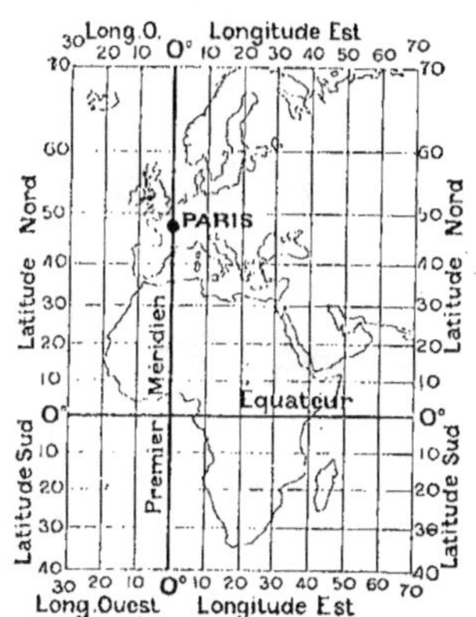

MÉRIDIENS ET PARALLÈLES.

---

1. On commence de recourir à une boussole nouvelle basée sur l'emploi du gyroscope, appareil qui, une fois mis en rotation, conserve immuablement sa direction.

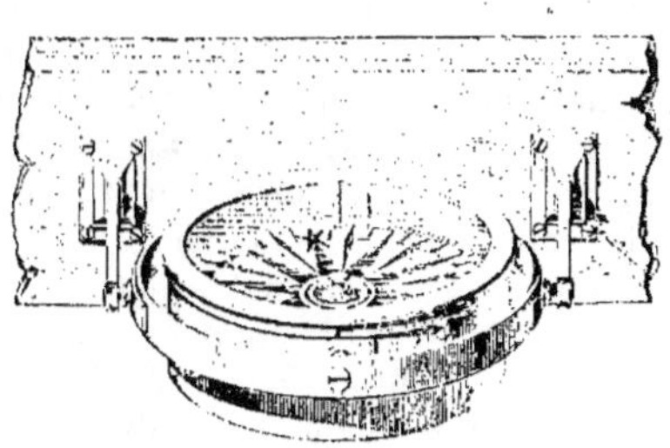

LE TIMONIER A LA SONDE.

CHAPITRE XIII

COMMENT ON SAIT LA SITUATION ET LA VITESSE DU NAVIRE

o   o   o

Nous disions que, par suite de multiples circonstances, il est absolument indispensable, au moins quand on fait un voyage de longueur, de savoir chaque jour les parages où l'on se trouve, de constater le point de l'océan où l'on est arrivé. Il faut pour cela précisément « faire le point », expression qui s'explique immédiatement, par ce que nous venons de dire. Il faut également se rendre compte de la vitesse à laquelle on marche; car la connaissance du chemin parcouru facilitera la constatation de l'endroit du parcours où l'on est parvenu; et même, si l'on a mesuré avec une exactitude suffisante cette route parcourue depuis le départ, que l'on sache de façon suffisamment exacte dans quelle direction le bateau s'est déplacé; on peut arriver, sans faire scientifiquement le point, à trouver, à un moment donné, sur la carte, l'endroit où l'on est à cet instant précis.

Tout le monde connaît assez les cartes géographiques pour savoir qu'elles portent l'indication des points cardinaux : le plus généralement, la partie supérieure de la carte correspond au nord, le bas au sud, etc. Ces cartes sont en somme la représentation, sur un plan à plat, de la surface de la terre, qui est en réalité sphérique, en forme de boule ; on est arrivé à dresser néanmoins ces cartes de façon suffisamment exacte pour qu'elles soient indispensables aux marins ; elles leur donnent toute sécurité pour se guider avec le concours non seulement de la boussole, mais encore des autres instruments que nous allons voir ; sur ces cartes on figure par des lignes droites parallèles, et à égale distance les unes des autres, les méridiens, grands cercles supposés tracés autour de la terre en passant par les deux pôles.

Nous donnons une petite figure qui rappelle bien ce que sont ces méridiens, cercles absolument imaginaires perpendiculaires à l'équateur. Chaque point de la terre a son méridien ; on les compte en France à partir du méridien de Paris, qu'on appelle méridien d'origine, et qui est marqué O, les autres étant marqués en degrés et en minutes, à l'est ou à l'ouest. En Angleterre, et chez beaucoup de nations maritimes, on fait partir le compte de méridiens de celui de Greenwich. Nous avons fait dessiner une petite carte de l'Europe et de l'Afrique, où l'on trouvera facilement le méridien de Paris et les méridiens donnant à l'est ou à l'ouest les longitudes respectivement est ou ouest. On y trouve d'autre part une série de lignes droites perpendiculaires aux premières et par suite parallèles entre elles ; elles sont du reste parallèles également au grand cercle tracé par la pensée autour de la terre suivant une direction est-ouest qu'on nomme équateur ; une autre figure permet de se représenter la série de ces cercles parallèles à l'équateur, et qu'on appelle tout simplement par abréviation des parallèles. Ce sont ces parallèles qui déterminent la latitude nord ou sud. Qu'il s'agisse des méridiens ou des parallèles, ils sont toujours indiqués par des degrés, des divisions de degrés qu'on nomme des minutes, et des divisions de minutes qu'on appelle des secondes.

Toutes ces lignes servent de la façon la plus commode à déterminer la place occupée sur la carte par un endroit quelconque de la surface de notre globe ; à trouver le point correspondant à cet endroit sur la carte représentant la portion de la terre où il est effectivement. C'est précisément pour cela que nous voyons les marins faire le point, pour se localiser à la surface de la mer, reconnaître la situation exacte où ils sont avec leur navire, le point, la situation du lieu à déterminer par sa latitude et sa longitude. La latitude, c'est la distance de l'équateur, elle se compte sur le méridien qui passe par ce lieu ; la longitude, c'est la distance mesurée sur l'équateur entre le méridien du lieu et un méridien

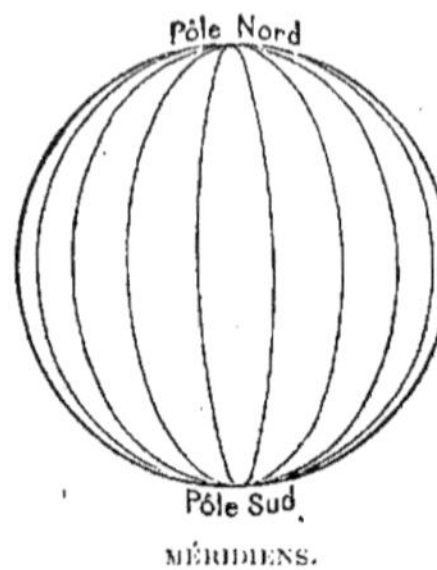

MÉRIDIENS.

que l'on prend toujours comme point de départ (que ce soit le méridien de Paris ou celui de Greenwich). Il va de soi que tous les lieux situés sur le même méridien ont même longitude ; mais si l'on connaît leur latitude en degrés, minutes et secondes, on sait aussi sur quel parallèle ils se trouvent. La rencontre du parallèle avec le méridien déterminera exactement le point occupé à la surface de notre globe aussi bien sur la mer que sur terre ferme ; et cela est tout aussi vrai pour un bâtiment flottant au milieu de l'océan que pour une maison assise solidement sur ses fondations.

Qu'on nous pardonne ces explications bien abstraites et sérieuses ; mais elles sont absolument nécessaires, si l'on veut comprendre un peu comment se fait la navigation maritime ; comment un navire parti du Havre traverse tout l'océan, le plus souvent en déviant de la ligne droite, pour éviter tel ou tel danger, et arrive pourtant au bout de cinq, six ou sept jours, à se trouver en face de la côte, à l'aplomb du port où il va pénétrer et amener ses passagers ou sa cargaison. L'exactitude et la précision s'imposent d'autant plus à lui, que nous sommes toujours pressés à notre époque ; et que nous n'admettrions guère un capitaine de navire qui se tromperait seulement de quelques kilomètres, et nous forcerait ainsi à attendre qu'il ait cherché la côte, le point où il devait atterrir.

Ce sont les cartes marines si bien dressées que l'on possède aujourd'hui, et aussi divers instruments plus ou moins compliqués, dont nous ferons tout au moins comprendre l'idée et le fonctionnement essentiel, qui donnent au marin la possibilité de faire exactement le point. Nous avons dit également que la boussole permettait de le trouver approximativement, à condition qu'on ait mesuré le chemin parcouru aussi exactement qu'il était possible ; cette mesure se fait avec un appareil spécial, le « loch », et dont nous voulons dire un mot, à cause des services qu'il rend, de l'emploi constant qu'on en fait dans la navigation maritime.

Bien entendu, il ne faut pas s'imaginer que dès la sortie du port, lorsqu'il dépasse ces abris spéciaux que l'on appelle les jetées, et qui sont destinées tout à la fois à tracer aux bateaux le chemin à suivre à ce moment et aussi

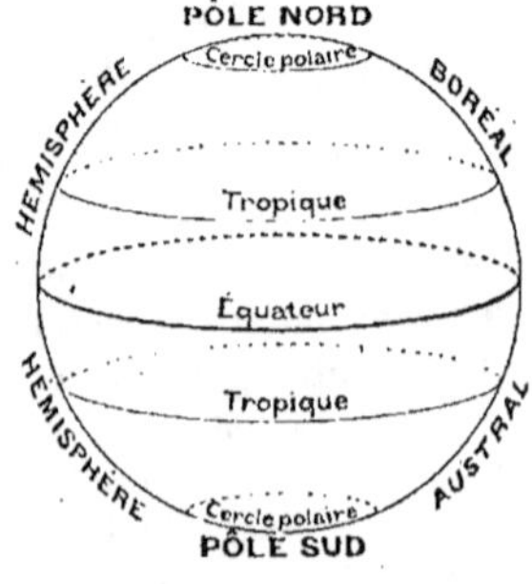

CERCLES DE LA TERRE.

à le protéger un peu de la violence
des lames, dans les parages du littoral, le capitaine partant pour un
long voyage va commencer immédiatement à se diriger à la boussole,
pas plus qu'avec les appareils astronomiques qui servent à faire le point
et à déterminer latitude et longitude.
Tous ces procédés sont sans doute
exacts, mais non point à quelques
mètres près, il s'en faut. Or, dans le
voisinage des côtes, à la sortie même
du port, même d'une rade, on doit
fréquemment longer des récifs, des

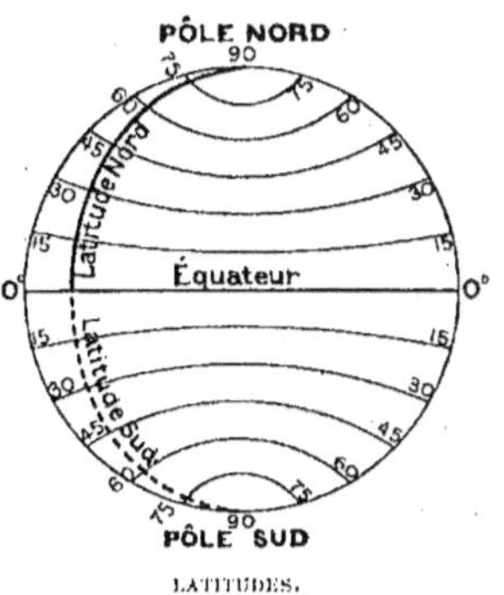

LATITUDES.

écueils divers qu'il faut savoir frôler en les évitant. Ici c'est donc
de l'exactitude quasi-absolue qu'il faut, tout au plus à quelques
mètres près. Et c'est pour cela qu'à ce moment on doit avoir une
connaissance tout à fait intime, approfondie du littoral, de ses
moindres détails, d'indications qui passent complètement inaper-
çues aux yeux du vulgaire. C'est là la besogne du pilote, ou tout
au moins du marin qui a acquis les connaissances spéciales
pratiques de pilote. Il est en effet essentiel de connaître minutieusement, et non pas seulement par la carte détaillée, mais encore
par la pratique quasi-quotidienne, les moindres détails du fond et
de la côte. Sans doute le pilote a-t-il, pour se diriger, les signaux,
les points de repère innombrables, les bouées, les amers, les tours
et constructions de toutes sortes qui s'élèvent tantôt sur la terre
ferme, tantôt même sur des roches complètement submergées;
mais il lui faut de plus avoir personnellement remarqué et se
rappeler une multitude d'indices, de points de repère, qui lui
permettront de diriger le navire souvent dans un dédale de
dangers. Cette pratique lui donnera les directions à suivre pour
passer en sûreté par les endroits où
une profondeur d'eau est suffisante,
et pour gagner la haute mer.

Là, il n'y a plus de danger de
toucher le fond, sauf pour de vastes
régions, des bancs notamment, que
les cartes signalent, et qu'on peut
éviter au moyen des procédés de
direction courants. En tout cas, on
n'est plus forcé de passer le long
même des récifs, des bancs de sable,
comme au voisinage du littoral, à
l'entrée d'un port. C'est cette néces-

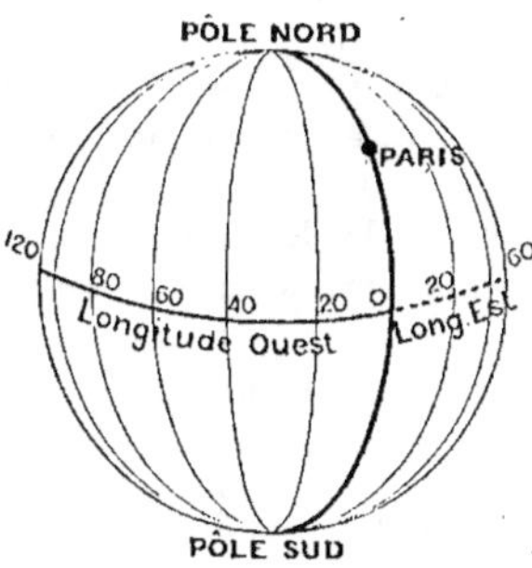

LONGITUDES.

sité de la connaissance en détail de ce littoral et des abords des ports, qui fait que tout navire n'étant pas commandé par un homme connaissant à fond la région, doit prendre à son bord un pilote ; celui-ci le conduira jusqu'au delà des parages dangereux ; il débarquera alors dans son petit bateau spécial, qui suivait le grand navire auquel il assurait la sécurité ; il rentrera au port d'où il est parti, ou bien il demeurera à croiser en mer, attendant l'arrivée de quelque autre navire désireux de rentrer au port, et auquel il offrira ses services.

Quand on perd la côte de vue, on n'a plus de point de repère fixe pour se guider, tel un promeneur qui se dirige sur le clocher d'un village qu'il connaît. Nous avons expliqué comment alors, pour faire sa route, on a recours à la boussole. Mais les grands navires ne s'en contentent pas, à cause de l'approximation qu'elle donne ; il leur faut reconnaître sur une carte chaque jour le tracé qu'ils suivent, les points par lesquels ils passent. Chaque jour donc, à midi, on cherche à quel endroit de la nappe d'eau on est ; combien on a parcouru du trajet que l'on veut faire ; combien il en reste encore. On peut en conséquence calculer dans combien de temps on sera dans le voisinage de la côte que l'on veut gagner ; on sera prévenu quand il faudra, comme on dit, ouvrir l'œil, afin d'éviter les récifs, les dangers qui recommenceront. Les observations astronomiques que l'on est obligé de faire pour tracer exactement la route, et non plus se contenter d'une navigation à l'estime, nous ne pouvons les décrire ni les expliquer en détail. Pour faire le point d'une façon scientifique, on se livre à des calculs, et surtout à des opérations minutieuses, au moyen d'instruments très précis qu'on ne peut pas mettre entre les mains de tout le monde, et que jamais les capitaines des petits bateaux caboteurs n'emploient, à plus forte raison les équipages des bateaux de pêche. Le principe de l'opération consisté, soit de jour soit de nuit, plus souvent de jour, à observer la position de certains astres, du soleil, ou d'une étoile. Le but et le résultat sont de trouver par quelle latitude et par quelle longitude est le bateau au moment où l'on exécute ces observations astronomiques. Comme conséquence, on a la possibilité de pointer exactement cette situation sur une carte.

L'instrument essentiel pour déterminer la longitude est une montre très exacte : cette montre se nomme un chronomètre de marine. Grâce à lui et à ce fait qu'il ne varie pas pendant des jours, on a emporté avec soi l'heure précise d'un méridien connu, par exemple celui de Paris. Qu'on ne s'étonne pas si c'est à une montre, de précision il est vrai, que l'on demande ainsi d'indiquer la longitude ; cela résulte de ce qu'on appelle le mouvement régulier du soleil. En réalité, c'est la terre qui tourne sur elle-même ;

mais nous avons exactement la même impression que si, bel et
bien, le soleil tournait autour de notre globe. Et pour la commo-
dité, on parle couramment du mouvement du soleil. Chaque fois
que l'astre semble passer, on peut dire passe, au méridien du lieu
où nous l'observons, il est midi, ce qu'on nomme le midi vrai du
lieu; pour tous les observateurs qui se trouvent sur un même
méridien, il sera midi au même instant. Et par suite l'heure est
toujours la même pour tous les lieux situés sur le même méridien.
Au reste, nous avons expliqué tout à l'heure, et même montré par
un dessin, ce que c'est qu'un
méridien. Le soleil, dans son
mouvement apparent, se déplace régulièrement de l'est
à l'ouest, passant d'abord au
méridien des lieux qui sont
situés plus à l'est, pour arriver ensuite et successivement au méridien de ceux
qui sont situés de plus en
plus dans l'ouest. Par conséquent, quand il est midi pour
un bateau qui se trouve sur
un méridien quelconque, il
y a déjà un certain temps
que midi est passé pour des

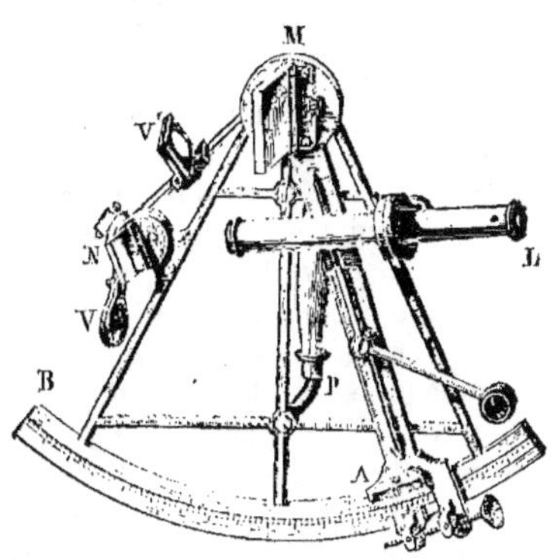

LE SEXTANT.

bateaux qui se trouvent en mer plus dans l'est : et au contraire, il
n'est pas encore midi pour les navires qui sont plus dans l'ouest.
Il suffit donc au marin de constater, à l'aide d'appareils astronomiques, le moment où le soleil passe au méridien du premier, et
l'heure locale, mettons l'heure du bord, l'heure vraie; on peut être
sûr que cette heure est en retard sur celle d'un lieu ou d'un bateau
situé plus dans l'est; en avance sur celle d'un lieu ou d'un bateau
situé plus dans l'ouest.

Mais il faut se rappeler, d'autre part, que le soleil fait le tour de
la terre, comme on dit vulgairement (c'est bien l'apparence), en
vingt-quatre heures, repasse donc au même méridien au bout
des vingt-quatre heures. Et comme les 360 degrés de longitude sont
parcourus par lui en vingt-quatre heures, il en parcourt 15 en une
heure. S'il est midi à bord, il sera au même instant, en un lieu
éloigné de 15 degrés dans l'est, une heure de l'après-midi, ou treize
heures comme on dit plus exactement; au contraire, il sera seulement onze heures pour les points situés à 15 degrés dans
l'ouest. On voit que la différence des heures simultanées entre
deux points donnés indique exactement la longitude relative de
ces deux points. Et si nous avons à la fois à bord un chronomètre

conservant l'heure du méridien de Paris (qui est le méridien d'où se compte la longitude pour les Français, ou du méridien de Greenwich pour les Anglais et beaucoup d'autres peuples), et que nous sachions constater l'heure du point où nous naviguons, nous en déduirons immédiatement à combien de degrés et de portions de degrés nous nous trouvons de ce méridien d'origine : nous connaissons notre longitude.

C'est cette différence d'heures au fur et à mesure que l'on va vers l'est ou vers l'ouest, qui est la base d'une des surprises les plus amusantes de ce volume si curieux et si intéressant du merveilleux conteur qu'a été Jules Verne : nous voulons parler du *Tour du Monde en quatre-vingts jours*. Philéas Fogg, le héros du livre, faisait le tour de la terre en allant au-devant du soleil; par suite, la journée diminuait de une heure chaque fois qu'il parcourait 15 degrés vers l'est, ou, si vous voulez, de quatre minutes par degré franchi. Marchant ainsi vers l'est, il arrivait à voir passer 80 fois le soleil au méridien, ce qui correspondait à quatre-vingts jours; tandis que ceux qui demeuraient à Londres en l'attendant ne voyaient passer l'astre que 79 fois. La montre de Passe-Partout, le dévoué et entêté compagnon de Philéas Fogg, avait gardé l'heure de Londres, tout comme un chronomètre de marine. Et c'est pour cela que, durant tout le voyage, elle avait semblé « battre la breloque »; tout uniquement parce qu'elle n'indiquait que l'heure du méridien de départ, et non pas les heures propres des méridiens sous lesquels on passait successivement.

Pour calculer la longitude, nous avons vu qu'il est nécessaire de connaître l'heure exacte du point où l'on se trouve : c'est le midi que l'on détermine ainsi. On se sert dans ce but de deux instruments qui se ressemblent beaucoup, et qui se nomment sextant ou octant. Ils sont formés d'une sorte de secteur métallique gradué, puis d'un miroir, d'une lunette et de certains dispositifs complémentaires. Le maniement en est assez délicat. C'est avec l'un de ces deux instruments que l'on constatera le moment où le soleil passera au méridien de l'endroit où se trouve le bateau; l'instant où il est midi pour cet endroit. C'est aussi le sextant qui permet de déterminer la latitude exacte, de relever la hauteur du soleil au-dessus de l'horizon, en tenant compte de la saison. Il existe des tables astronomiques dressées spécialement pour la navigation, et qui donnent le moyen, quand on a relevé cette hauteur du soleil, quand on sait d'autre part par quelle longitude on est, d'en déduire la latitude immédiatement, ou tout au plus par quelques calculs. On a alors tous les éléments pour faire avec précision le point, pour trouver l'endroit de la carte où se recoupe le méridien d'une part et le parallèle de l'autre déterminant la position du bateau.

Ce sont là des explications qui paraîtront bien compliquées à beaucoup de nos lecteurs. Il est certain que les opérations auxquelles elles correspondent ne sont pas à la portée de tout le monde ; et c'est pour cela même que, si souvent en navigation, on se contente de faire le point à l'estime. Nous avons déjà laissé entendre ce que cela signifie : on se sert de la boussole, du compas de mer, pour se diriger vers un point de la rose des vents : le bateau va se déplacer suivant un angle que l'on connaît par rapport à ces lignes verticales tracées sur la carte que l'on nomme des méridiens ; et si l'on sait en outre quelle distance le navire a parcouru suivant cette direction oblique, on peut tracer aisément sur la carte marine que tout bateau doit avoir à son bord, le parcours fait. On a la faculté de marquer d'un point au crayon sur cette carte l'endroit même où se trouve le navire au moment où on se livre à ce petit calcul. Mais il faut mesurer la distance parcourue : elle se calcule en milles marins de 1852 mètres, ce qui est le tiers de la lieue marine ; souvent on indique la vitesse en nœuds, et nous allons voir pourquoi. Nous comprendrons également comment il est indifférent d'indiquer une vitesse en nœuds ou en milles, le temps n'étant

UN MARIN FAISANT
LE POINT SUR LE PONT.

pas toutefois le même, suivant qu'il s'agit de l'une ou l'autre de ces mesures. Pour apprécier la marche des navires on a inventé un appareil assez curieux que l'on appelle le loch, dont nous avons déjà prononcé le nom, et dont on se sert toujours, bien que maintenant on ait imaginé des appareils électriques plus perfectionnés qui donnent des résultats plus exacts.

Contentons-nous d'expliquer, en deux mots, en quoi consiste ce loch. Il comporte une sorte de petite planchette qui se tient verticale, grâce à un lest de plomb, quand on jette l'appareil à l'eau ; à cette planchette est fixée une cordelette divisée par des nœuds en sections qui ont chacune une longueur de 15 m. 43. Ne croyez pas qu'on ait choisi cette longueur au hasard. Pour le comprendre, il sera nécessaire de rappeler ce que nous venons d'indiquer comme longueur du mille marin. On jette dans l'eau le bateau de loch, comme on dit, la

planchette, puis on file la corde; on la laisse se dérouler de l'espèce
de bobine où elle est emmagasinée, au fur et à mesure que le navire
dont on veut mesurer la vitesse continue sa marche en avant. Par
suite de sa forme, le loch reste sensiblement immobile dans l'eau;
la cordelette se dévide, tandis que le navire s'éloigne de la planchette; et le marin chargé de l'opération sent passer entre ses
doigts les nœuds successifs de la cordelette. Il compte ces nœuds;
bientôt un autre marin, qui tient un sablier s'écoulant en
trente secondes, soit une demi-minute, lui annonce que la demi-

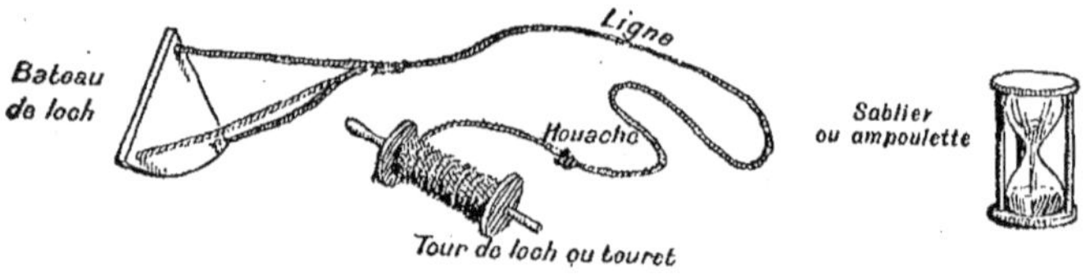

LOCH ET AMPOULETTE.

minute est écoulée; il constate qu'un certain nombre de nœuds,
mettons 15, sont passés. Cela signifie qu'en une demi-minute le
navire a avancé, s'est éloigné du loch, d'une distance représentée
par 15 nœuds, 15 divisions de la cordelette, 15 fois 15 m. 43. Il sera
très facile, grâce à une opération arithmétique tout à fait simple, de
savoir combien cela fait de kilomètres à l'heure; mais on tient à
évaluer la vitesse des bateaux en ces milles marins de 1 852 mètres
dont nous avons parlé, parce que c'est aussi en milles marins que
les distances sont indiquées sur les cartes marines. Dès lors, le
calcul est bien plus simple. La longueur d'un nœud, ces fameux
nœuds de 15 m. 43, se trouve être exactement (parce qu'on l'a choisie
dans ce but) la $\frac{1}{120}$ partie du mille marin de 1 852 mètres. Par conséquent, si le navire file 15 nœuds en une demi-minute, qui est
elle-même la $\frac{1}{120}$ partie d'une heure, on comprend qu'en une heure,
c'est-à-dire en 120 fois plus de temps, un navire couvrira une distance 120 fois plus considérable : cela fera donc 15 milles, puisqu'un
mille vaut 120 fois un nœud. Et voilà comment, en jetant à l'eau un
loch qui donne comme vitesse un chiffre de nœuds, on trouve
immédiatement la vitesse du bateau exprimée en milles à l'heure.
Voilà aussi comment on peut tout aussi bien exprimer l'allure d'un
navire en nœuds qu'en milles; mais en ayant soin de ne pas parler
de nœuds à l'heure, ce qui est erroné, et ce qu'on répète pourtant
bien souvent aujourd'hui.

On n'emploie plus guère le loch à planchette, mais des appareils
perfectionnés comme le loch à hélice doté d'un enregistreur. Cet

appareil comporte un tube de cuivre au bout duquel est montée une hélice; quand on le jette à l'eau, l'hélice tourne sous l'action du déplacement de l'appareil dans cette eau, puisqu'elle est entraînée par le bateau dont on veut mesurer la vitesse; sa rotation fait mouvoir le compteur logé dans le tube de cuivre, et ce compteur indique, au moyen d'aiguilles sur des cadrans, un peu comme les compteurs à gaz, le nombre de milles, de dizaines, au besoin de centaines de milles parcourus depuis qu'on a jeté l'instrument à l'eau. Il y a d'ailleurs aussi des lochs dont le cadran enregistreur est disposé sur le navire, une transmission flexible faisant tourner les aiguilles du compteur au fur et à mesure que tourne l'hélice du loch. Il y a également des appareils électriques très savants.

Que l'on n'oublie pas, encore une fois, que le point à l'estime est tout à fait approximatif : le bateau dérive, il est poussé de côté sous l'influence du vent, des courants; et l'on ne peut arriver qu'à évaluer très approximativement la déviation qu'il subit de la sorte par rapport à l'angle qu'on prétendait lui faire suivre relativement à la direction du nord.

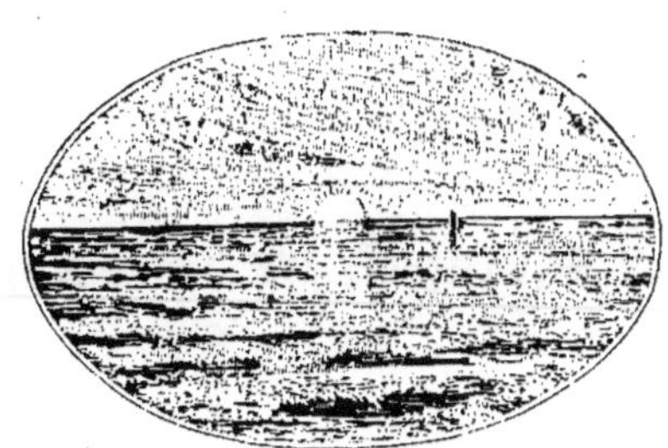

UN BATEAU OU LES COUPS DE MER SE SONT CHANGÉS EN GLAÇONS.

CHAPITRE XIV

LA SÉCURITÉ DE LA NAVIGATION

o   o   o

ON peut dire sans exagération que la navigation maritime et les navires de mers offrent à notre époque de plus en plus de sécurité. Sans doute le naufrage n'est pas une impossibilité, pas plus que la collision en pleine mer; mais on peut dire aussi que les accidents, les collisions, les déraillements sur les voies ferrées se présentent parfois. En tout cas, les catastrophes deviennent de plus en plus rares eu égard aux centaines, aux milliers de bateaux qui traversent constamment les océans; et pour la navigation dite transatlantique entre l'Europe et les États-Unis, en particulier, c'est chaque année 800 000, 900 000 personnes, parfois un million d'individus qui passent d'une rive à l'autre. Or, à part certains accidents terribles comme celui de la *Bourgogne*, ou encore la catastrophe du *Titanic*, il est vraiment très rare que tous les passagers ne soient pas transportés sans le moindre incident, sans courir réellement un péril.

Cela ne signifie pas qu'il ait été facile d'atteindre pareil résultat, pareille sécurité. Il a fallu combiner toutes sortes de moyens pour mettre le navire à l'abri de la violence des tempêtes qui pourraient briser sa coque, pour le signaler, tandis qu'il navigue, afin que d'autres bateaux ne viennent pas le heurter où se jeter sur sa route. Il a fallu préserver ce bateau du contact des roches sous-marines qui éventreraient sa coque; on a dû imaginer des procédés grâce auxquels une voie d'eau, comme on dit, ne mettra pas équipage et passagers en perdition, grâce auxquels on pourra localiser l'envahissement de l'eau, réparer même la coque de façon provisoire. On a cherché également à posséder des dispositifs au moyen desquels ceux qui se trouvent à bord d'un bateau menaçant de couler, peuvent s'embarquer sur des canots, qui leur permettront d'attendre le passage d'un navire, les secours qu'il apportera, ou de gagner la côte si elle n'est pas trop éloignée. Combien d'ingéniosité et d'efforts persévérants n'a-t-on pas dû déployer, tout particulièrement dans les parages des côtes, où la profondeur de l'eau est faible, où les écueils sont nombreux, où le navire est spécialement exposé à toucher ceux-ci; efforts destinés à avertir les navigateurs de tous les dangers qu'ils peuvent rencontrer, à leur signaler les régions dont ils doivent s'écarter, leur indiquer les chenaux qu'ils ont à suivre, à les avertir au besoin que l'accès du port est impossible ou difficile temporairement, par suite notamment de l'état de la marée qui est basse.

On a installé sur la côte, parfois en mer, au-devant de côtes, des signaux lumineux pour la nuit, d'autres bien visibles de jour pour indiquer les obstacles, les dangers, et l'on a créé des postes d'où des veilleurs sondent constamment l'étendue, grâce auxquels des communications, de véritables conversations peuvent s'engager entre le navire et le littoral. A ce dernier point de vue, la télégraphie sans fil est venue faire merveille. N'oublions pas non plus qu'on a étrangement perfectionné la construction maritime, et que les navires modernes sont susceptibles de résister aux coups de mer les plus violents; à cet égard de la construction même du bateau, rappelons que, bien qu'on construise encore, notamment pour la pêche, beaucoup de bateaux en bois, on peut dire que ce genre de construction est à peu près complètement abandonné à l'heure actuelle. On a beau donner au bateau des membrures, un bordé très épais; trop souvent, sous l'influence d'un choc un peu violent sur celui-ci, d'une lame par exemple, une partie de la coque sera défoncée, et le navire pourra couler à pic. C'est même là l'explication de tant de naufrages, de disparitions qui frappent la population de nos côtes; ils s'entêtent à conserver les vieilles traditions, à utiliser pour la pêche des petits bateaux en bois qui ne donnent réellement aucune sécurité.

Quand, en 1750, en Grande-Bretagne, Wilkinson construisit son premier petit bateau en fer, qu'il appelait du nom caractéristique de *the Trial*, on s'est moqué beaucoup de lui : et pourtant, c'est du jour où les bateaux en fer se sont généralisés, que la sécurité de la navigation a puissamment augmenté. Assurément les petits bateaux de pêche dont nous parlions tout à l'heure offrent des qualités très réelles ; c'est avec stupéfaction qu'on les voit flotter pour ainsi dire comme des bouchons sur la mer en furie ; mais que de périls affrontés, que de naufrages causés, combien trop souvent ne voit-on pas des séries de ces bateaux jetés à la côte, défoncés, incapables à cause de leur petitesse de rester en haute mer, où les dangers sont pourtant moins grands. Souvent, à la suite d'une tempête, tout le littoral sera parsemé de ces épaves !

A une certaine époque, où l'on ne disposait que de petits bateaux, les fortunes de la mer, comme on disait, étaient terribles à courir ; c'était constamment que l'océan faisait des victimes ; encore étaient-elles moins connues, parce qu'il n'y avait pas de journaux pour annoncer ce qui se passait à la surface du monde. D'ailleurs, la navigation maritime était autrement moins intense qu'elle n'est à l'heure actuelle. On a gardé le souvenir de naufrages célèbres qui montrent les risques que l'on courait avec les petits bateaux d'autrefois. Tel est le cas du fameux naufrage de la flotte de Xerxès, où 400 vaisseaux au moins périrent, en entraînant la mort de milliers d'hommes. On cite également le naufrage des vaisseaux de l'Armada, expédiés par l'Espagne contre l'Angleterre en 1588 ; le non moins célèbre naufrage de la *Méduse* montre bien dans quel isolement on pouvait se trouver sur mer. Les catastrophes étaient particulièrement fréquentes au voisinage des côtes, parce que celles-ci n'étaient guère éclairées.

Depuis qu'en 1880 on ne s'est plus contenté de construire les bateaux en fer, mais en acier, métal tout à la fois plus léger et plus résistant ; depuis qu'on a fait ces navires sur des proportions plus grandes ; depuis surtout qu'en même temps l'éclairage et le balisage du littoral se sont perfectionnés ; depuis qu'on a eu l'idée de doter tous les bateaux métalliques d'une espèce de double coque, la sécurité a augmenté de la façon la plus effective. La double coque à laquelle nous faisons allusion n'a été employée jusqu'à aujourd'hui même que pour une partie de la carène des bateaux ; c'est un double fond ou plus exactement un double fond cloisonné, par suite de la disposition toute particulière qu'on lui donne. Tout le fond de la carène est fait de deux épaisseurs de métal, placées à une certaine distance l'une de l'autre, et réunies par des cloisons métalliques perpendiculaires aux deux surfaces de métal ; ces cloisons forment,

avec les deux coques, une série de compartiments assemblés les uns
aux autres ; et c'est ce à quoi on doit le nom de double fond cloisonné.
Si un bateau ainsi construit vient à toucher des roches sous-marines,
c'est généralement par son fond, par la portion inférieure de sa
carène : la violence du choc transpercera peut-être la première
coque, mais il est im-
possible que la pointe
des roches vienne éga-
lement percer la
seconde. L'eau péné-
trera bien dans ceux
des compartiments qui
se trouvent en face de
la déchirure faite par
l'écueil ; mais cet en-
vahissement se loca-
lise ; les autres com-
partiments ne seront
pas envahis, pas plus
que l'intérieur propre-
ment dit du bateau,
puisque ces compar-
timents sont normale-
ment maintenus fer-
més.

Dans ces condi-
tions, grâce à l'espèce
de seconde peau dont
est doté le navire, il
va continuer de flot-
ter malgré la blessure
qu'il porte. Cette com-
binaison d'une double
carène porte aussi le

LE NAUFRAGE DU *Drummond-Castle* EN 1896.

nom de fond cellulaire ; la série de compartiments forme en effet
comme des cellules. Seule la construction métallique a permis de
réaliser cette disposition : avec la construction en bois, l'épaisseur qu'il aurait fallu donner au double fond, aux cloisons, aurait
tenu trop de place, aurait trop augmenté le poids du bateau. Nous
avons dit que jusqu'à notre époque on s'est contenté de doubler
ainsi la carène et d'installer le compartimentage double cellulaire
dans le fond du navire, et non point sur les côtés ; nous verrons
pourtant que, sous l'influence de la terrible catastrophe qui a
coûté tant d'existences humaines à bord du *Titanic*, on en est
revenu de ces pratiques ; on arrive maintenant à compléter le

doublement de la carène, et à donner à la navigation une sécurité quasi-absolue.

C'est pour augmenter cette sécurité que l'on a imaginé les cloisons étanches. Il faut bien comprendre que, dans la navigation en haute mer, là surtout où l'on est susceptible de rencontrer des brouillards qui gênent la vue, le danger le plus redoutable, c'est la collision. Avec la grande vitesse à laquelle naviguent les transatlantiques modernes, si le temps n'est pas clair, quand le capitaine voit un autre navire sur sa route, ou qu'il doit couper la route de ce bateau, il est souvent trop tard pour dévier complètement de direction. Qu'on songe qu'un bateau marchant seulement à 20 milles à l'heure, cela correspond à bien près de 40 kilomètres à l'heure; par conséquent, en une minute, le bateau est susceptible de parcourir 600 à 700 mètres. Et si l'on a seulement aperçu l'autre navire à cette distance (ce qui est fréquemment le cas), dans ce court instant, on doit trouver le temps de prendre toutes les mesures voulues, de donner un coup de gouvernail à gauche ou à droite, d'arrêter même la machine et de faire marche arrière, afin d'éviter la collision. Pour créer des dangers terribles, il suffira souvent d'un bateau de dimensions relativement faibles, sur lequel le grand navire viendra par exemple écraser son avant; sans doute le voilier, si c'en est un, sera complètement démoli; mais l'autre navire ne se fera pas moins, sous l'influence du choc, une blessure épouvantable, par où l'eau l'envahira. Souvent il suffira d'un de ces voiliers qui trop fréquemment naviguent sans leurs feux de position, pour aborder un transatlantique par le travers, par le flanc; ce voilier ne marchait sans doute pas vite, mais l'allure du vapeur était accélérée, et les deux vitesses se sont totalisées pour rendre l'abordage terrible.

C'est ce qui s'est passé lors de l'épouvantable catastrophe de la *Bourgogne*, au mois de juillet 1898 : quand ce transatlantique français a été abordé par le voilier *Cromartyshire*, la *Bourgogne* s'est vu faire au flanc une ouverture béante par laquelle l'eau s'est précipitée. La région brumeuse des bancs de Terre-Neuve, si fréquentée, voit trop de sinistres encore se produire. Les navires qui s'y croisent n'aperçoivent que très difficilement les bateaux de pêche qui se trouvent fréquemment dans ces parages; ceux-ci ne prennent guère soin de signaler leur présence par les feux réglementaires. On sait, au surplus, que, en certaines saisons, il passe sur ces bancs des montagnes de glace, les icebergs, qui constituent d'épouvantables épaves flottantes auxquelles les navires peuvent se heurter. C'est en partie pour remédier à ces dangers terribles de collision par l'avant ou par le côté, que l'on a imaginé ces cloisons étanches auxquelles nous avons fait allusion d'un mot.

Construites en métal et fort résistantes, elles sont disposées verticalement dans la coque du bateau entre le bas, le fond et les parois, de manière à partager le navire en une série de compartiments séparés les uns des autres. Supposons que nous percions un trou latéralement dans la carène, l'eau va s'y introduire, mais ce ne pourra être que dans les compartiments qui se trouvent en face du trou fait ainsi à la coque. Si les choses sont bien établies, les autres compartiments ne seront pas envahis par cette eau; ils formeront comme autant de boîtes métalliques, isolées, pleines d'air, qui continueront de flotter en maintenant le navire à flot. On n'avait d'abord établi à l'intérieur des bateaux qu'un nombre de cloisons assez réduit; on s'est aperçu ensuite qu'il fallait les multiplier; d'abord parce qu'il est essentiel que le poids d'eau qui envahirait quelques-uns des compartiments sous l'effet d'une collision, d'une déchirure dans la coque, ne soit pas trop lourd pour la flottabilité assurée par le reste des compartiments. On a compris et constaté aussi qu'il pouvait très bien se présenter le cas où l'éventrement du bateau se ferait, non pas en face d'un compartiment, mais juste en face d'une des cloisons; le choc démolissant alors la cloison étanche laissera l'eau envahir deux compartiments au lieu d'un. Et il se pourra dès lors que le navire ne soit plus susceptible de flotter suffisamment pour que son pont supérieur même demeure au-dessus de l'eau; pour que, à plus forte raison, il puisse continuer sa route jusqu'au port le plus proche, ses machines étant immobilisées, ses chaudières se trouvant éteintes par l'eau.

Peu à peu, on a perfectionné d'une façon remarquable le système de cloisonnage étanche; on est même arrivé à établir les machines des grands navires dans des compartiments séparés les uns des autres; souvent on a établi des cloisons étanches longitudinales, de manière que, si la coque est ouverte à l'aplomb d'une des machines, d'un côté du navire, l'autre machine pourra continuer à fonctionner; le navire se servant alors d'une seule hélice, comme un canard qui ne nagerait que d'une patte. Il a l'avantage précieux de ne pas être désemparé, de ne pas devenir le jouet du vent et de la mer, de pouvoir arriver lentement, il est vrai, à la terre.

La solidité des navires n'est pas indispensable seulement à cause des rencontres qu'ils peuvent faire, des collisions auxquelles ils sont exposés; il faut songer aussi à la puissance véritablement incroyable de ce qu'on appelle le coup de mer, des vagues monstrueuses qui, pendant les tempêtes, sont susceptibles de déferler sur le pont des bateaux. Les journaux de mer, les comptes rendus des voyages que les capitaines rédigent au fur et à mesure de leur navigation, en y enregistrant tout ce qui se passe, donnent à ce sujet des renseignements curieux. On a vu fréquemment les coups de mer, les grandes vagues abordant l'avant d'un transatlantique (alors que pourtant on réduit la vitesse de celui-ci par mauvais temps, pour diminuer d'autant la violence du choc des lames), sauter par-dessus l'avant du bateau, emporter des passerelles qui se trouvent à 20 mètres au-dessus de l'eau, défoncer des toitures d'une solidité que l'on croyait à toute épreuve, après avoir escaladé ces 20 mètres. Parfois même les dizaines et dizaines de tonnes d'eau qui se heurtent ainsi à l'avant du navire, arrivent à l'immobiliser un court instant. Quand on se trouve dans des parages très froids, une partie de l'eau jetée ainsi à bord peut se congeler, pour ainsi dire instantanément; on verra alors la mâture, les cordages pris dans une gaine de glace; et parfois le poids énorme que ces masses de glace constituent dans la partie supérieure du bateau trouble son équilibre en l'alourdissant par trop et en rendant la navigation dangereuse. On comprend que, si pareils coups de mer se répètent plusieurs fois à bord d'un navire peu résistant, comme c'était le cas pour les bateaux en bois, dont la charpente était susceptible de jouer sous ces chocs répétés, le navire se démolit peu à peu, et le naufrage peut en résulter assez vite. C'est sans doute ce qui s'est produit pour le bateau tristement célèbre appelé la *Sémillante* qui, en 1855, s'est perdu dans le détroit de Bonifacio, en transportant 400 soldats et tout un équipage.

La terrible catastrophe du *Titanic* pourrait laisser supposer que ces cloisons étanches, ce double fond, tout cela ne peut inspirer qu'une confiance bien précaire, et qu'il est un peu audacieux de parler de sécurité, quand les navires sont pour ainsi dire tous encore à l'heure actuelle construits comme l'était le *Titanic*. Il ne faut pas exagérer les choses ni dans un sens ni dans l'autre; il est certain que, pour des circonstances normales, le navire tel qu'on l'a construit jusqu'à aujourd'hui avec son double fond et ses cloisons étanches ordinaires, est susceptible de faire merveille; ce qui prouve bien qu'il peut donner une très grande tranquillité à ceux qui s'y embarquent, à ceux qui lui confient des marchandises à transporter, c'est que, depuis une cinquantaine d'années, les compagnies spéciales qui ont pour métier d'assurer les bateaux et leur cargaison, les compagnies d'assurances maritimes font payer de moins en moins cher. Naturellement, la mise à contribution de la vapeur avec la régularité qu'elle donne, la vitesse à laquelle elle permet de traverser l'Atlantique, l'utilisation de navires de plus en plus grands où embarquent des milliers de personnes, où l'on entasse des dizaines de milliers de tonnes de marchandises : tout cela diminue les risques. Pourtant quand il se rencontre des circonstances comme celles qui ont causé la perte du *Titanic*, toutes les prévisions humaines sont déroutées; et c'est pour cela que, depuis une année et demie, on a résolu de perfectionner la construction des bateaux pour donner complète sécurité, quelles que soient les circonstances qui se présenteront.

On se rappelle peut-être ce qui s'est passé pour le pauvre *Titanic*; il a rencontré sur sa route un immense iceberg; rien n'est plus difficile que d'apercevoir à distance ces masses de glace formidables représentant un poids de dizaines de milliers de tonnes, et dont la partie immergée représente toujours plusieurs fois la partie émergée. Le *Titanic*, en essayant d'éviter le choc terrible, a donné, non point par son avant, mais par son flanc, sur la montagne glacée; ce flanc a rencontré les pointes de glace qui hérissent la surface des icebergs, et il les a rencontrées sous l'eau. Si encore cela avait été un choc bien net, en un point déterminé de la carène, il se serait simplement fait dans le navire une ouverture qui aurait permis à l'eau d'atteindre tout simplement un ou deux des compartiments étanches dont nous parlions. Mais, comme le navire marchait encore à une grande vitesse au moment du choc, il a promené son flanc le long des arêtes coupantes de l'iceberg; il s'est fait alors une déchirure sur une très longue partie de la coque; toute une série de compartiments ont été envahis par l'eau. Le navire s'est englouti peu à peu par l'avant, en même temps que le poids d'eau pesant sur les cloisons des compartiments non envahis tout de suite faisait crever ces cloisons.

On avouera que semblables circonstances ne peuvent pas se présenter souvent; le plus ordinairement le navire vient s'écraser le nez pour ainsi dire sur l'iceberg qu'il rencontre, ou celui-ci, en dérivant, vient lui faire un trou bien net en un point de sa carène. Quoi qu'il en soit, dans les nouveaux navires immenses dont nous avons signalé la construction, de même qu'à bord du frère du *Titanic*, l'*Olympic*, on a pris une précaution nouvelle qui doit être absolument effective. Il est bon de rappeler que cette précaution avait été recommandée et même mise en pratique dès 1858 par l'illustre Brunel, celui auquel on doit le *Great Eastern*. On dote maintenant les bateaux d'une double coque pour toute la partie qui plonge dans l'eau ; ce n'est plus seulement un double fond cloisonné ou cellulaire ; c'est une double carène cloisonnée qui remonte au-dessus de ce qu'on appelle la ligne de flottaison, le niveau auquel le bateau plonge dans l'eau. Si donc un navire ainsi construit, que ce soit l'*Olympic*, l'*Imperator*, l'*Aquitania*, se trouve heurter un rocher, un autre navire ou un iceberg, dans des conditions malheureuses comme le *Titanic*, la première coque sera peut-être percée, éventrée, déchirée, sur une très grande longueur ; divers petits compartiments cellulaires vont se trouver envahis par l'eau. Mais il est impossible que la seconde carène, qui se trouve bien à 2 ou 3 mètres de la première, soit elle-même atteinte de déchirure. Il en résultera simplement ce qui se passe quand le bateau frotte par son fonds sur des roches sous-marines. Un certain nombre de cellules seront remplies d'eau ; le bateau est alourdi, sans doute il plonge un peu plus dans l'eau ; mais il est impossible qu'il soit envahi de façon dangereuse par cette eau, ni qu'il coule. De plus, on a pris la précaution de renforcer encore la charpente des grands navires métalliques. Ces précautions ne sont pas inutiles. Il faut songer que, quand un bateau comme le *Titanic* rencontre, à la vitesse à laquelle il marchait, un obstacle sur sa route, et notamment un obstacle énorme comme la montagne de glace qui a causé sa perte, le choc que subit le navire correspond à un effort d'environ 340 000 kilogrammètres ; pour un bateau marchant à 24 nœuds, cela produit à peu près le même effet que la décharge simultanée de 20 de ces canons de 30 centimètres de calibre, qui arment les grands cuirassés modernes.

A bord de la plupart des navires, pour donner une impression de sécurité aux passagers, on installe sur le pont supérieur une série d'embarcations, notamment du type des bateaux de sauvetage. Depuis l'accident du *Titanic*, on a obligé les compagnies de navigation à multiplier le nombre de ces bateaux ; toutefois, il ne faut pas se faire trop d'illusions de sécurité. Rien n'est plus difficile que de les descendre à l'eau en cas d'accident, à moins que la mer ne soit absolument calme : la chose est d'autant plus malaisée qu'il faut faire monter tout le monde dans l'embarcation avant de la descendre jusqu'au niveau de la mer. C'est une opération très difficile que de la décrocher de ses palans. Ce sur quoi on peut compter davantage pour augmenter la sécurité de la navigation, ce sont ces sociétés de sauvetage qui se sont multipliées dans tous les pays : néanmoins ce n'est que dans le voisinage des côtes qu'elles peuvent rendre les services qu'on en attend. Mais nous avons maintenant un secours précieux dans cette télégraphie sans fil qui a rendu tant de services, notamment lors du naufrage du *Titanic*. On n'est plus isolé maintenant au milieu de l'océan.

En dehors de la navigation faite par les pêcheurs sur de petits bateaux généralement en mauvais état, dans des parages d'autant plus dangereux qu'ils sont constamment au voisinage des côtes, des récifs, les périls de la mer sont extrêmement faibles. Un rapport fait aux États-Unis montrait récemment que, dans le courant d'une année, pour 315 millions de personnes transportées par les bateaux de tout genre, il n'y avait eu que 231 victimes causées par des accidents propres à la navigation. Il va de soi qu'une catastrophe comme celle du *Titanic* a fait monter brusquement et dans d'étranges proportions le chiffre de cette mortalité; mais, encore une fois, c'est tout à fait exceptionnel. En Grande-Bretagne, où la navigation tient une si grande place dans la vie, on a constaté que, de 1877 à 1885, 1 370 personnes avaient perdu la vie dans la navigation à voiles, 680 dans la navigation par steamers : cela correspond à 1,12 et à 0,64 pour 100 000 personnes embarquées. C'est déjà faible; et cependant, de 1903 à 1911, cette proportion est tombée à 0,88 pour la navigation à voiles et à 0,14 pour la navigation à vapeur. Ceci montre bien la supériorité de cette dernière. Pendant vingt années, pour 24 000 voyages effectués dans le nord de l'Atlantique et sur 9 millions de passagers transportés, 118 passagers seulement ont perdu la vie. Ce sont là des chiffres consolants.

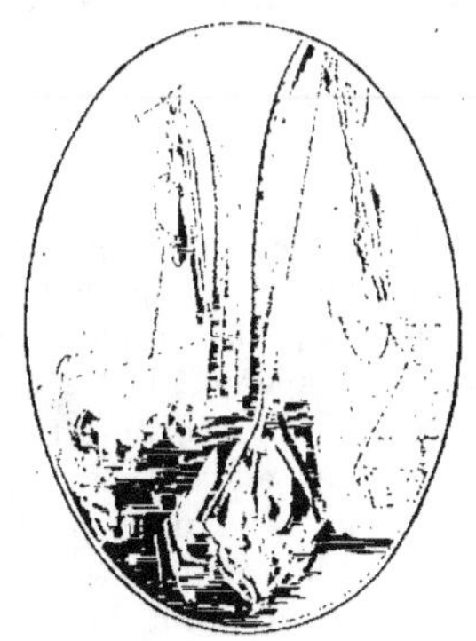

UN BATEAU-FEU DU TYPE CLASSIQUE.

CHAPITRE XV

LES PHARES, LES BALISES, LES AMERS, LES SÉMAPHORES, etc...

o   o   o

Nous avons répété déjà plusieurs fois que les dangers sont particulièrement à redouter par la navigation, quand on est près du rivage : cela peut étonner les profanes, parce qu'on se croit à l'abri de tout péril une fois qu'on aperçoit la terre. Mais il faut songer que le navire est susceptible de rencontrer des dangers de toute espèce, même à une certaine distance du rivage : roches sous-marines où, en dépit d'un assez beau temps, le ressac fera heurter la coque en menaçant de la démolir; bancs où l'on ne pourra passer sans toucher, etc. Il n'est pas un point des côtes qu'il soit permis d'aborder directement en venant de la haute mer, sans se préoccuper des passages, des chemins contournés qu'il est nécessaire de suivre pour éviter les écueils. C'est un véritable dédale. Souvent, au reste, les bas-fonds et les récifs se trouveront encore à marée basse à plusieurs kilomètres de la côte. Pour permettre aux capitaines de navires d'éviter les dangers, non seulement on dresse des cartes marines détaillées; mais on leur prépare encore des instructions, des sortes de guides, des manuels, leur expliquant comment ils doivent se retrouver, tourner d'un côté ou tourner de l'autre, en suivant les points de repère, les directions qui leur sont fournies, soit par des phares, soit par un clocher, peint le plus souvent en noir ou en blanc ou par des bandes alternatives, soit par ce qu'on appelle les amers. Ces amers seront des tours de maçonnerie ou de fer construites dans la mer même sur les rochers à signaler, ou élevés sur le littoral à hauteur suffisante pour qu'on les aperçoive à plus grande distance. Ajoutons encore les bouées peintes de couleurs diverses : ce sont des sortes de boîtes métalliques flottantes offrant des formes variées, et qui signalent elles aussi soit la route à suivre, soit les dangers à éviter. Maintenant ces bouées sont dotées souvent d'un signal acoustique : ce sera par exemple une cloche mise en vibration par le mouvement des vagues, ou un sifflet à air comprimé, l'air étant comprimé par ce même mouvement. On est même arrivé à combiner des bouées lumineuses, éclairées le plus généralement à l'aide de gaz d'huile comprimé; on enferme dans le réservoir de la bouée une quantité suffisante de ce gaz pour que l'appareil puisse continuer de brûler pendant des jours et des jours : le réapprovisionnement n'étant pas toujours facile par mauvais temps. Souvent ces bouées peuvent se substituer économiquement à ces feux flottants, à ces phares installés sur des bateaux que l'on met pourtant encore à contribution dans bien des cas.

Nous n'avons pas la possibilité de dire grand'chose de ces amers, de ces balises, de ces bouées jalonnant la route des navires dans le voisinage des ports; mais il faut que nous parlions un peu des phares, des difficultés que l'on rencontre à éclairer pendant la nuit la route des navires; des merveilles auxquelles on est arrivé en cette matière. Qu'on ne se figure point que les peuples maritimes ont attendu notre époque pour imaginer d'installer de nuit, sur la côte, des feux servant de repères aux marins. Dans les vieux écrivains on a retrouvé des allusions à des phares qui étaient allumés dans certaines villes très commerçantes où entraient, d'où sortaient chaque jour de nombreux navires; nombreux, bien entendu, pour l'époque, car la fréquentation des ports, en ces temps lointains, ne ressemblait guère à celle de nos grands ports modernes. Les signaux lumineux étaient obtenus probablement en allumant sur un lieu élevé des amas de bois et de broussailles. Le nom même de phare, qui a un sens bien particulier à notre époque, était le nom d'une île qui se trouvait à l'entrée du port d'Alexandrie, en Égypte, dans ce pays, où la navigation commerciale avait pris une importance si considérable il y a plusieurs milliers d'années. L'île s'appelait Pharos, et elle portait une tour assez grande qu'on construisit

L'ANCIEN PHARE D'ALEXANDRIE.

expressément pour guider les vaisseaux dans leur route; en haut de
cette tour, qui était considérée comme une des merveilles du monde,
on faisait brûler la nuit un grand feu jetant des flammes visibles
d'assez loin. Cet éclairage n'était pas comparable même à celui des
lampes à huile qui ont été si longtemps employées dans nos phares
modernes. Du reste, à cette époque, on naviguait assez près des
côtes; et comme les bateaux ne marchaient que lentement, les
marins apercevaient le feu à temps pour être avertis de l'approche
du port et pour en trouver l'entrée. Aussi bien, de jour, la tour se
voyait de fort loin, et servait d'amer à la navigation. Ce qu'il y a de
plus curieux, c'est que cette tour, construite trois cents ans avant
Jésus-Christ, existait encore au xII^e siècle; elle avait probablement
une hauteur de 140 mètres. L'histoire parle d'ailleurs d'autres
phares même plus anciens qui avaient existé sur la côte d'Asie
Mineure ou de la Turquie actuelle; de leur côté, les Romains avaient
construit certaines tours analogues en Italie et, un peu plus tard,
dans les grands ports qu'ils avaient créés sur la côte des Gaules. Il
y a un de ces phares qui est resté célèbre et qui a longtemps subsisté
tel que les Romains l'avaient construit : c'est la fameuse Tour d'Odre
de Boulogne, qu'avait élevée l'Empereur Caligula; elle a été
restaurée par Charlemagne et ne s'est écroulée que vers le milieu
du xvII^e siècle.

Peu à peu les tours ainsi construites sur certaines côtes se sont multipliées; et non seulement à l'entrée des ports, mais encore sur divers points du littoral, au bout des caps s'avançant dans la mer. De la sorte, les marins voyaient plus tôt la bienfaisante petite lumière dont l'éclat leur disait qu'ils approchaient d'une pointe de terre, et que les dangers de la navigation côtière allaient commencer; ou encore les avertissait qu'ils n'étaient plus loin du port où ils désiraient aborder. On apprit aussi à construire des phares sur les îles qui se trouvaient plus ou moins dispersées en avant du littoral; c'était un progrès logique et fécond; et jusqu'à nos jours, on s'est engagé autant qu'on a pu dans cette voie, soit en construisant les phares aussi loin que possible en mer, soit en augmentant la portée de la lumière de ces phares. De la sorte ceux-ci sont susceptibles d'avertir encore plus tôt les marins de l'approche de la terre. En même temps que la construction même des phares s'est perfectionnée, on a essayé de modifier leur éclairage, de transformer le feu qu'on allumait au sommet. On a commencé par abandonner le bois, du jour où l'on a découvert la houille, et où l'on s'est aperçu qu'elle donne des feux plus brillants et plus faciles à entretenir. On s'est donc mis à brûler de la houille au sommet des tours des phares; et à l'extrémité de l'île de Ré, à côté de la haute tour où brille actuellement un feu électrique, se trouve encore la tour beaucoup plus modeste datant du

LE VIEUX PHARE DE CORDOUAN.

xvıᵉ siècle, et où, pendant longtemps, l'éclairage a été uniquement assuré par cette houille. Nous possédons sur nos côtes françaises, à l'entrée de la Gironde, une de ces tours de phares qui est un véritable chef-d'œuvre de construction et qui résiste depuis des siècles aux assauts de la mer sur ce plateau rocheux. Elle a succédé à d'autres tours primitives antérieures construites au même point. Il s'agit du phare de Cordouan, dont la première tour semble remonter à Charlemagne. Du reste, c'est à cette tour de Cordouan qu'on a essayé, pour la première fois, de modifier complètement les procédés d'éclairage, en dotant le fanal à réverbère de réflecteurs paraboliques renvoyant beaucoup mieux et beaucoup plus loin la lumière destinée à guider la navigation.

Au xıxᵉ siècle, on a senti qu'il était nécessaire, au point de vue commercial comme au point de vue humanitaire, de construire de nouveaux phares, de rendre leur lumière plus puissante, de la faire porter plus loin, d'obtenir que le marin soit averti à des dizaines de kilomètres de l'approche d'une côte; on a voulu qu'il puisse reconnaître de façon certaine les phares dont il aperçoit les rayons lumineux, et rectifier immédiatement les erreurs qu'il a pu commettre dans le tracé de sa route maritime. De nombreux ingénieurs et inventeurs ont modifié les appareils d'éclairage; à commencer par l'illustre Argand, qui a inventé les lampes à double courant d'air, et dont l'idée a été reprise et perfectionnée par Quinquet. On ne s'est pas contenté des réflecteurs dont nous parlions; un Français, Fresnel, a imaginé les lentilles à échelons, qui sont des anneaux concentriques en cristal susceptibles de condenser la lumière dans une direction donnée, et de façon à augmenter sa puissance et sa portée. Les dispositifs lenticulaires basés sur l'invention de Fresnel ont donné le moyen de créer tout aussi bien des appareils lançant un feu fixe à grande distance et dans toutes les directions, que des appareils à éclat où la lumière tantôt se montre avec toute son intensité, tantôt disparaît pour telle ou telle durée. Il s'est fait des merveilles dans cette voie : d'autant que l'on a réussi à colorer la lumière du phare ou les éclats successifs qu'il lance. Les marins arrivant en vue des côtes, ou plus exactement dans la limite de portée des phares, peuvent se dire : voici un phare qui lance des rayons lumineux de telle nuance, qui a une lumière fixe ou à éclat : comme je sais à peu près dans quelle région je me trouve, cela ne peut être que tel phare. Le capitaine reconnaît de façon absolument sûre sa position en vue de la côte; et s'il continue dans telle direction, il doit bientôt apercevoir les autres phares dont les rayons lumineux le guideront à leur tour.

Les phares sont maintenant tellement nombreux sur les côtes civilisées, que le marin qui a commencé à en voir un en arrivant de la haute mer, ne sera plus abandonné de leurs regards lumineux et protecteurs, jusqu'au moment où il sera définitivement entré dans le port. Pas d'erreurs possibles, du moment où le capitaine observe bien ces lumières différenciées par leurs nuances et leurs éclats. Ils donnent des alignements de direction tellement exacts, que, pour le marin attentif, il est pour ainsi dire plus facile de gagner un port la nuit que le jour; le chenal, l'entrée même du port est éclairée par un feu, parfois par deux, qui n'ont d'ailleurs pas besoin d'être vus de très loin. Des feux à grande portée ont guidé le navire jusqu'à cette entrée du port, jusqu'à ce qu'il trouve ces petits phares qu'on appelle des feux de port.

C'est comme de juste pour les phares destinés à être vus de loin, ceux qu'on appelle dans le langage spécial de grand atterrage, que le perfectionnement des appareils d'optique a eu les résultats les plus importants. Sans pouvoir entrer dans le détail, disons que l'appareil d'un phare comprend essentiellement une lentille convergente; d'ailleurs, si ce phare doit éclairer dans plusieurs directions, il faudra toute une série de lentilles pareilles les unes aux autres; et s'il faut éclairer dans toutes les directions à la fois, on emploiera un anneau cylindrique lenticulaire. C'est dans ce domaine que l'illustre savant que nous citions, Fresnel, a rendu

UN ANCIEN APPAREIL CATOPTRIQUE DE PHARE.

les services les plus précieux. On complète le système lenticulaire par des prismes qui constituent l'appareil catoptrique, ils viennent améliorer l'appareil dioptrique : ces prismes réfléchissent les rayons lumineux tout comme le feraient des miroirs. La combinaison des lentilles plus ou moins nombreuses ou l'emploi des anneaux lenticulaires, la coloration des lentilles, permettent d'obtenir à volonté des phares à feu fixe, blanc, rouge, vert, des feux à éclat coloré, des feux à éclipses.

Des transformations fondamentales se sont faites dans les procédés d'éclairage. Nous n'en sommes plus aux lampes à huile végétale, qui avaient pourtant rendu de très grands services, qui étaient si supérieures à ce feu de houille dont nous parlions. On a mis à contribution les lampes à huile minérale, à pétrole; puis, dès qu'on a su fabriquer du courant au moyen de machines dites magnéto-électriques, on a réussi à adopter à certains phares des lampes à arc possédant une puissance lumineuse extrêmement grande. Ces phares électriques ont causé une véritable révolution en avertissant les marins à des dizaines de milles de distance. Qu'on ne se figure pas au reste que seuls les phares à éclairage électrique sont susceptibles d'avoir une grande puissance. L'installation d'une usine électrique pour fournir le courant est toujours chose coûteuse; et, d'autre part, comme la plupart des phares sont fort isolés le long des côtes, il faut leur apporter le combustible alimentant les chaudières qui fournissent la vapeur nécessaire à la commande d'une machine électrique : ce combustible revient très cher. En outre, une station d'éclairage nécessite un personnel relativement nombreux. Il ne faut pas oublier enfin que beaucoup de phares sont installés sur un rocher isolé, loin en mer; parfois même leur pied plonge dans l'eau, et va chercher son appui sur une roche sous-marine : il serait malaisé de créer, dans de pareilles conditions, une petite station destinée à fournir le courant.

On est arrivé, grâce à l'incandescence au moyen du gaz à acétylène et aussi au moyen de pétrole, de gaz d'huile, à réaliser des phares qui ont une intensité aussi grande que les feux électriques. Il est assez simple, comme on le sait, de fabriquer de l'acétylène; quant au gaz d'huile, on l'emmagasine sous pression dans des réservoirs qu'un bateau spécial (quand il s'agit des phares en mer) vient ravitailler de temps à autre. Pour se rendre compte de la supériorité des modes d'éclairage actuels

LE PHARE D'ARMEN SUR SON ROCHER.

Ch. Gruyer.

des phares, il faut songer qu'avec les systèmes tout à fait modernes, on atteint une puissance éclairante qui est près de 200 fois supérieure à celle de l'ancien phare à lampe à huile végétale; c'est grâce à cette puissance lumineuse, et aussi à la hauteur que l'on donne aux tours des phares de grand atterrage, que l'on voit les phares modernes les plus importants avoir, au moins théoriquement, une portée de 28 à 44 kilomètres. Cela ne veut pas dire qu'ils soient toujours visibles à cette distance : au bord de la mer et à la mer, l'atmosphère est toujours chargée de brume, d'humidité,

LE NOUVEAU PHARE DE LA JUMENT D'OUESSANT.

ce qui absorbe une bonne partie de la lumière du phare. Mais c'est précisément à cause de cette particularité, qu'il est nécessaire de donner aux phares des côtes une portée qui sera sans doute exagérée par beau temps, mais qui demeurera suffisante par brouillards, tout particulièrement durant les nuits humides de la saison d'hiver. Et c'est ainsi, que, grâce aux travaux des savants modernes continuant de perfectionner les découvertes de Borda, de Fresnel, d'Arago, on est arrivé à établir, partout où cela était nécessaire pour guider les marins, donner la sécurité à la navigation, des appareils lumineux lançant des éclats qui correspondent à des centaines de milliers de bougies brûlant ensemble en haut de la tour des phares.

Qu'on ne croie pas que, si perfectionnés que soient les phares modernes, on puisse se passer de gardiens fidèles surveillant leur fonctionnement, pourvoyant constamment à l'entretien des appareils, à la surveillance du feu, prenant des mesures pour que celui-ci ne s'éteigne jamais. Souvent ces braves gens, vivant par équipe de 2 ou 3 sur quelque petit îlot battu constamment par la tempête,

isolés du reste du monde fréquemment pendant des jours et des
jours, doivent attendre que la tempête s'apaise, pour voir enfin venir
à eux le bateau qui relèvera l'équipe et apportera de quoi renouveler
les approvisionnements presque épuisés. On a parlé du dévouement
de ces gardiens de phares ; on ne saurait trop répéter les éloges qu'ils
méritent. Même quand l'optique du phare ne réclame rien, ils n'en
demeurent pas moins presque constamment l'œil au guet, appuyés
à la balustrade de la galerie supérieure du phare, armés de la longue-
vue, surveillant le passage des navires au large, interrogeant l'horizon pour constater si quelque part on n'a pas besoin de secours. Ils
cherchent si, grâce aux signaux spéciaux qui sont à leur disposition,
ils ne pourraient pas avertir du péril qui menace tel ou tel navire se
présentant dans le champ de leur vision.

La plupart des phares, surtout sur le continent, sont doublés
d'un poste sémaphorique : c'est un établissement spécial ayant ses
gardiens, ses veilleurs, chargés de communiquer par drapeaux, par
flammes, par guidons, suivant l'alphabet maritime spécial, avec le
navire qui passe en vue, et qui peut avoir à télégraphier quelque
nouvelle, à demander quelque renseignement. A la vérité, les sémaphores vont perdre un peu de leur importance, sous leur forme
classique, par suite de la mise à contribution de cette télégraphie
sans fil dont nous reparlerons plus loin, et qui est venue augmenter
la domination de l'homme sur les éléments en général, sur la mer
en particulier. Avec elle, on n'a plus besoin de tout cet appareil,
pavillons de couleurs diverses, cylindres, sphères, cônes, ni de
signaux de nuit, fusées colorées, qui constituent un langage conven-
tionnel que les marins savent interpréter assez facilement ; véritable
télégraphie optique qui a le tort de nécessiter beaucoup de temps
pour l'expression des idées. Afin de mettre bien en vue tous ces
pavillons, ces signaux divers, les sémaphores des côtes possèdent
un ou deux mâts fichés en terre, qui ressemblent à des mâts de
navires de l'ancienne marine ; ces mâts sont retenus par des hau-
bans, portent des cordages et des vergues ; et c'est au bout de ces
vergues, le long des cordages que l'on fait monter et descendre, que
l'on combine les divers drapeaux, les pavillons de couleur et de
dessin plus ou moins compliqués, pour envoyer les télégrammes
optiques aux navires ou répondre à ceux qu'ils signalent à distance
de la même manière. Ces sémaphores se trouvent non pas seulement
sur les pointes avancées du littoral pour communiquer avec les
bateaux qui passent au large, mais encore à l'entrée de presque
tous les ports : ici, ils ont surtout pour mission de recevoir le nom
des navires qui vont entrer, pour qu'on puisse leur faire un passage
le long des quais, avertir leurs armateurs, etc. ; mais ils ont aussi
pour rôle de signaler la profondeur d'eau que l'on trouve dans le
chenal, l'état de la marée ; ils avertissent du temps probable, suivant

une série de combinaisons ayant leur signification : c'est ainsi que le cône hissé au bras du sémaphore indique l'approche d'une tempête, et avertit non seulement les bateaux qui sont au large, mais encore ceux qui se trouvent dans le port.

Nous avons parlé plus haut des innombrables bouées de toutes sortes, de toutes couleurs, de toutes formes qui signalent les dangers, marquent les directions à suivre dans le voisinage des côtes. Nous avons dit aussi que beaucoup d'entre elles maintenant sont dotées d'un signal éclairant : ces appareils à incandescence que l'on utilise dans les phares, on peut également les employer pour les bouées que l'on désire rendre bien visibles la nuit. Il est assez simple de ménager, dans le corps des bouées, un réservoir que l'on viendra, avec le bateau spécial du service des phares, remplir de gaz comprimé. De la sorte, une fois allumé, un feu pourra brûler durant des jours, parfois même des mois,

Cl. Gruyer.

UN APPAREIL TOUT A FAIT MODERNE D'ÉCLAIRAGE DE PHARE.

sans qu'on ait à s'en préoccuper ; ces bouées lumineuses, qu'on fait souvent à l'heure actuelle de grande taille, sont maintenues en place par de lourdes ancres fixées au sous-sol à plus ou moins grande profondeur. On sait pouvoir si bien compter sur ces bouées lumineuses, qu'on les emploie souvent là où autrefois on était obligé de signaler des dangers, des bancs de sables par exemple, de donner des avertissements à la navigation, à l'aide de ces bateaux spéciaux portant un feu et un appareil d'éclairage qu'on appelle bateaux-feux ou feux flottants.

Pour s'expliquer la nécessité de ces bateaux-feux, il faut se rendre compte des difficultés d'établissement de certains de ces phares que l'on a souvent installés sur des rochers recouverts par la mer à marée haute. Nous pourrions en citer deux exemples bien caractéristiques sur la côte de France : d'une part, le fameux phare d'Ar-Men, situé à 28 kilomètres au large de la pointe extrême du Finistère, sur une roche sous-marine au milieu de courants vertigineux et des lames formidables de l'entrée de la Manche; puis un des derniers phares qui ont été construits en France, un peu dans les mêmes parages, dans des conditions de difficultés presque invraisemblables. Le phare d'Ar-Men a été établi à l'extrémité de la série des récifs qu'on appelle la Chaussée de Sein; il a fallu trouver la fondation du phare sur un rocher qui, même aux plus basses mers, ne présente que 7 à 8 mètres de large sur 12 à 15 mètres de long, on a dû percer dans ce rocher une série de trous de 30 centimètres de profondeur, y sceller des tiges de fer dépassant d'une certaine longueur, établir entre ces tiges un massif de maçonnerie, dans lequel on a noyé des chaînes en fer, pour constituer de la sorte un massif étroit mais résistant, et faisant corps avec le rocher. Ce travail a été commencé en 1857; jusqu'à la fin de 1873, on n'avait pu travailler sur le rocher que pendant cent cinquante-huit heures en tout, et la tour ne commençait à s'élever que de 80 centimètres au-dessus du rocher. C'est seulement en 1880 que la maçonnerie a été terminée. Ce phare n'a pas coûté moins de 940 000 francs. Le plus récent des tours de force qu'il a fallu exécuter en ces matières est peut-être la construction du phare en mer, dit de la Jument d'Ouessant, sur un des écueils qui entourent l'île d'Ouessant, où jadis les naufrages étaient innombrables. Avec ce phare, il sera pratiquement impossible, même au capitaine le plus négligeant, de renouveler le désastre du fameux *Drummond Castle*, navire anglais qui s'est perdu sur cette côte, il n'y a pas un très grand nombre d'années. Le rocher sur lequel a été établi le phare de la Jument d'Ouessant est baigné par un courant qui file souvent à 15 kilomètres à l'heure; et pourtant il était indispensable que des embarcations vinssent constamment s'amarrer le long du rocher pour apporter les matériaux et les travailleurs. Le nouveau phare s'élève à 42 mètres au-dessus de la roche; il a pu être construit en sept années seulement, grâce aux progrès de la technique; son feu lance des éclats qui ont une portée de 20 milles marins quand le temps est clair, tout au moins de 7 milles par temps brumeux.

Dans ces conditions, on comprend, que souvent on a trouvé plus simple d'ancrer un bateau portant un feu, plutôt que d'essayer de construire une tour constituant un phare. Les bateaux transformés en feux flottants étaient toujours construits spécialement pour ce service, avec charpente d'une résistance à toute épreuve; ils étaient très larges, pour moins rouler par mauvais temps. Leur équipage menait une vie particulièrement fatigante, demeurant généralement

une quinzaine de jours avant qu'on vînt le relever. C'est en Angleterre, au XVIIIe siècle, qu'on a recouru pour la première fois à un feu
de ce genre. Parfois d'ailleurs, en dépit des deux ancres et des deux
chaînes énormes qui assurent l'immobilité du bateau, il est susceptible d'être entraîné par le mauvais temps; il est muni d'une mâture
et d'une voilure, et il peut ainsi fuir, quitte à essayer de revenir le
plus tôt possible jeter l'ancre à nouveau dans les parages qu'il est
chargé d'éclairer. Depuis quelques années, on a spécialement
modifié la forme des bateaux-feux; on les a dotés d'une machine qui
permet de commander les hélices en cas de dérapage, de rupture de
chaînes d'ancre, et de fournir au bateau la force motrice pour faire
tourner le petit phare installé au haut d'une tourelle métallique; le
moteur peut aussi fabriquer du courant électrique destiné aux
signaux de la télégraphie sans fil qu'on trouve à bord des plus
modernes des bateaux-feux. La coque, très profonde, est munie
d'une énorme quille, réduisant le roulis. Souvent ces bateaux-feux
sont ancrés sans qu'il reste à leur bord le moindre équipage; alors
le feu n'est point électrique, il est alimenté par du gaz comprimé; et
le bateau-feu ressemble beaucoup à une bouée lumineuse. Dans les
feux flottants de l'ancien système, le feu est constitué d'une série
de lampes ressemblant beaucoup aux appareils des anciens phares.

Nous nous sommes peut-être un peu allongé sur cette question de
l'éclairage des côtes; mais elle est une des plus belles manifesta-
tions de cette domination de l'homme sur la mer à laquelle nous
avons consacré ce livre.

CHAPITRE XVI

LE SAUVETAGE DES NAUFRAGÉS

o   o   o

Quels que soient les efforts des hommes, les progrès de la science, en dépit de la multiplication des appareils d'éclairage et de balisage des côtes; en dépit également des perfectionnements de la construction maritime, de la solidité toujours plus grande qu'on donne à la coque et à la charpente des navires; bien que la sécurité de la navigation ait augmenté de la façon la plus heureuse; il s'en faut pourtant qu'il n'y ait plus de naufrages, plus de navires en perdition ou de naufragés à secourir. Aussi bien, du moment où le navire se laisse entraîner soit par le vent, soit par les courants trop violents, près de la côte, s'il n'a pas pour lui une machine à vapeur, un propulseur absolument sûr, et en même temps une connaissance parfaite des parages où il se trouve; s'il ne réussit pas à entrer dans le chenal du port, on peut dire qu'il est perdu. La puissance de la mer en furie dépasse tout ce qu'on peut imaginer : il suffit, pour s'en convaincre, de voir au bord de la mer

les blocs énormes qu'elle déplace, de constater, après la tempête,
les trouées qu'elle aura faites dans une muraille de maçonnerie qui
semblait à l'épreuve de tout ; des blocs de 50 ou de 100 tonnes ne
lui résistent pas. Si donc le navire arrive dans des parages où il n'a
plus suffisamment de profondeur d'eau sous sa quille, la mer a
bientôt fait, en le soulevant et le laissant retomber alternativement,
d'éventrer sa coque, qui n'est plus désormais qu'une épave, et que
la tempête dissociera rapidement en brisant les charpentes les plus
robustes. En pareil cas, un navire même en acier est hors d'état de
résister longtemps. C'est pour cela que l'on dit souvent d'une façon
presque proverbiale que, par mauvais temps, ce qu'il y a de plus
sûr c'est de regagner la haute mer ; là, du moins, on ne risque pas
de se voir lancer par la violence des vagues sur un obstacle où le
navire s'ouvrira, pour couler rapidement et laisser son équipage,
ses passagers être la proie de la mer.

Heureusement, dans les pays civilisés, on trouve, le long du
littoral, une armée de sauveteurs, depuis les gardiens des phares
jusqu'au moindre habitant des agglomérations du bord de la mer ;
des sociétés philanthropiques se sont formées qui ont créé, dans
les endroits dangereux, des postes où ces sauveteurs peuvent
trouver le matériel nécessaire afin de venir au secours des naufragés. Leur éducation professionnelle est faite par les représentants
des sociétés ; car, en ces matières, il ne suffit pas du courage, du
dévouement, il faut encore savoir s'y prendre ; il faut surtout avoir
à sa disposition les armes pacifiques qui permettront de lutter
contre les violences terribles de la mer, et d'aller secourir ceux qui
sont en danger. Ce sont à chaque instant des actes d'héroïsme que
font surgir les naufrages encore trop fréquents.

En France, tout particulièrement, nous avons au moins deux
grandes sociétés : celle des Sauveteurs bretons, et surtout la Société
centrale de sauvetage des naufragés ; elles ne sont plus à compter
les existences qui, grâce à elles et au dévouement de leurs colla-
borateurs, ont été arrachées à la mer. En Angleterre, les mêmes
services précieux sont rendus par le « Royal National Life Boat
Institution », dont la fondation remonte à 1824, à une époque où,
pour ainsi dire dans aucun pays, on ne se préoccupait de venir
méthodiquement au secours des naufragés : et pourtant alors les
phares étaient-ils rares, les côtes mal éclairées.

Autrefois, le seul instrument de sauvetage dont on pût disposer
pour aller au secours des malheureux se trouvant sur quelque
bateau en perdition, était un canot ordinaire dans lequel s'embar-
quaient, au grand risque de leur vie, quelques gens courageux ; ces
embarcations non pontées pouvaient être à chaque instant submergées par les vagues, les remplissant d'eau sous l'influence de la
tempête ; ils pouvaient chavirer, jetant à l'eau leur équipage. Trop

souvent alors le canot devenait une épave à laquelle les sauveteurs n'avaient guère de chances de se rattraper. C'était la mort presque certaine pour ceux qui étaient ainsi courageusement partis au secours de leur prochain. Depuis lors, on a inventé ce qu'on appelle en anglais le *life boats* (en français, le canot de sauvetage), qui effectivement, comme le dit le mot anglais, réussit le plus généralement à apporter la vie à ceux qui sans lui périraient infailliblement. La caractéristique de ces canots de sauvetage, c'est qu'ils sont en principe inchavirables et insubmersibles. Quand on dit qu'ils sont inchavirables, on exagère un peu : dans certaines circonstances, s'il est pris par des remous trop violents, si des vagues successives déferlent sur lui, il n'est pas impossible que le canot se couche sur le côté, ou même qu'il se retourne complètement; mais il est doté d'une quille extrêmement lourde formant un puissant contre-poids; et presque instantanément, sous l'influence de cette quille, il reprend son équilibre, se retrouve dans sa position première, droit comme il doit l'être. Si les hommes qui montent le canot ont pris la précaution de s'attacher aux bancs, il n'en résulte qu'une immersion de peu de durée, et, pour ainsi dire avant qu'ils aient pu se rendre compte de la chose, ils se retrouveront eux aussi toujours assis sur leurs bancs. Ils n'auront qu'à ressaisir leurs avirons et à recommencer à peiner pour faire avancer le canot et atteindre le but, le bateau auquel ils vont porter du secours. D'ailleurs, les équipages des bateaux de sauvetage sont toujours munis d'une ceinture de sauvetage : cette ceinture, que tout le monde à peu près connaît maintenant, est formée de grandes plaques de liège épais, cousues dans une double toile; en réalité, la ceinture ressemble beaucoup plutôt à un gilet, des pattes passant par-dessus les épaules. La quantité de liège que renferme chaque ceinture est calculée de telle sorte qu'elle suffit à faire flotter son homme. Par conséquent, alors même qu'un des marins du bateau serait arraché de son banc, que, dans un chavirage, il resterait à l'eau, parce que, comme trop souvent, il aurait commis l'imprudence de ne point s'attacher au banc; il ne risquerait pas de couler à fond. Cela ne signifie pas, du reste, qu'il ne courrait pas de très graves dangers; le ressac, les mouvements brusques de la lame peuvent l'écarter du canot, et, si le temps est par trop mauvais, bien souvent le malheureux restera flottant à la surface, mais sans qu'on puisse venir à son secours; et s'il y a dans les environs quelques rochers, il aura trop de chances pour que la mer l'y brise.

Nous avons dit que le canot de sauvetage est insubmersible. On l'a combiné de la façon la plus ingénieuse. Il y a à l'heure actuelle beaucoup de types de *life boats*; mais le principe de leur construction est toujours le même : aux extrémités du bateau et aussi sur les côtés, on a disposé des caisses absolument étanches pleines

Cl. Braun-Clément et Cie.

1. NAVIRE BRISÉ A LA CÔTE PAR LA VIOLENCE DES LAMES.
2. SAUVETEURS EMBARQUÉS DANS UN CANOT ORDINAIRE (TABLEAU DE BAQUETTE).

d'air; ce sont comme autant de flotteurs, qui empêchent le bateau de pouvoir s'enfoncer dans l'eau, alors même que les vagues auraient rempli complètement sa capacité intérieure. Comme le plus souvent on fait le bateau en métal, en acier, il y a peu de chances pour que ces caisses à air, ainsi qu'on les appelle, puissent se rompre, laisser pénétrer l'eau, et ne plus être en état de servir de flotteurs. On a pris en outre des dispositions pour que l'eau qui déferle à l'intérieur du canot puisse s'évacuer toute seule : de larges tubes verticaux sont disposés dans le bateau, de manière à ce que leur sommet soit plus haut que la ligne de flottaison de ce bateau; ils sont munis à leur partie inférieure de clapets qui peuvent s'ouvrir de l'intérieur vers l'extérieur; et si une grande masse d'eau envahit le canot, elle va peser sur les clapets, les faire s'ouvrir, et la plus grande partie de cette eau s'échappera à la mer.

La propulsion des canots de sauvetage se fait généralement à l'aviron; toutefois, jusqu'à notre époque, ils ont été dotés également ment d'une petite mâture et d'une voilure : c'est pour qu'on puisse tirer partie du vent quand il en fait beaucoup, gagner plus vite le lieu du naufrage, et imposer un peu moins de fatigue aux sauveteurs. Cela n'empêche que les équipages de ces bateaux se voient imposer par chaque opération de sauvetage, non pas seulement des dangers terribles, mais encore des fatigues énormes. Ils ont à lutter presque toujours contre la mer en furie qui essaye de les rejeter à la côte, alors qu'ils tentent le plus généralement de gagner le large pour atteindre le point du naufrage; souvent ce sera pendant des heures et des heures que ces sauveteurs devront tenir en main l'aviron, lutter péniblement et constamment contre la lame. Même arrivés auprès du bateau dont il s'agit de sauver l'équipage, il leur faudra toujours montrer la plus grande vigueur et la plus grande habileté, pour se maintenir à distance de l'épave, afin que la mer ne projette pas contre elle et ne brise pas le bateau de sauvetage. Quand on aura réussi péniblement à faire passer les naufragés de l'épave dans le canot apportant le secours, il faudra souvent encore des heures et des heures pour regagner la terre ferme, en tirant toujours sur les avirons, suivant l'expression pittoresque des marins. C'est pour cela que, depuis déjà quelques années, toute une transformation se prépare et est en train de se réaliser dans le bateau de sauvetage.

Bien entendu, on ne modifie pas leur disposition essentielle; on les garde toujours inchavirables et insubmersibles. Mais on commence de les doter d'un propulseur mécanique. On avait tout d'abord songé à mettre à contribution une petite machine à vapeur; mais on se heurte ici à de très grosses difficultés. Pour la machine à vapeur, il faut une chaudière; et rien ne serait plus difficile que d'entretenir le feu allumé et brûlant bien au milieu des paquets de mer qui déferlent constamment dans le bateau; les essais qui ont été tentés dans cette voie n'ont donné que d'assez mauvais résultats. Mais aujourd'hui nous avons à notre disposition un moteur mécanique qui fait merveille de toutes parts; c'est le moteur automobile, ou encore à pétrole, ou à explosions, comme on l'appelle aussi; il a cet avantage précieux de ne point réclamer une chaudière; il est d'une conduite aussi facile que possible. Et dès maintenant, l'Institution anglaise de sauvetage des naufragés et notre Société centrale de sauvetage se sont fait construire un certain nombre de canots automobiles. Le moteur est installé sous un abri complètement étanche, où sont simplement ménagés quelques petits orifices par lesquels l'eau ne peut pas pénétrer, et qui assurent l'arrivée de l'air indispensable pour la carburation, pour qu'il se forme le mélange explosif destiné à donner le mouvement au piston. Les bateaux de sauvetage de ce genre ont fait leurs preuves. On en pressent tous les avantages; il n'est plus besoin d'imposer aux hommes du bateau la fatigue terrible à laquelle nous faisions allusion : en outre, et ce qui est encore plus pratique au point de vue du sauvetage même, le canot peut se déplacer beaucoup plus vite et arrive plutôt au secours des malheureux que menace la mer.

On s'est bien trouvé en présence de difficultés à cause de l'hélice dont il faut munir le canot : si l'on avait disposé cette hélice à l'arrière du bateau, comme cela se passe pour les bateaux ordinaires, elle aurait pu venir facilement heurter les débris de toutes sortes qui flottent autour d'un bateau en perdition; elle aurait pu s'emmêler dans les cordes et les câbles que l'on jette forcément, lors d'un sauvetage, pour établir des communications entre le canot de sauvetage et le bateau dont on veut sauver équipage et passagers. De plus, quand le canot se retourne, ou quand un homme tombe à la mer, l'hélice aurait pu venir frapper ceux qui nagent dans les environs du canot et leur faire une blessure terrible, sinon les tuer. On a trouvé moyen de loger cette hélice sous une espèce de tunnel aménagé sous le canot, et où rien ne peut venir en contact avec elle. D'autre part, détail curieux, quand un de ces canots automobiles chavire, instantanément et automatiquement le moteur, et par conséquent l'hélice, s'arrêtent immédiatement, et ne remarcheront que quand le canot aura repris sa position normale.

Toute une série de stations de canots de sauvetage ont été installées sur la côte et en particulier sur le littoral français : cela, grâce à la générosité de ceux qui apportent leur obole aux sociétés de sauvetage. Que l'on songe qu'une station de ce genre coûte une trentaine de mille francs! Dans l'abri où se trouve le canot, il y a aussi un chariot sur lequel ce canot est normalement disposé : quand on veut le mettre à la mer, on tire chariot et chargement, soit à l'aide de chevaux, soit à bras d'hommes, sur la plage d'abord, puis dans l'eau, mais aussi loin que possible; lorsque tout l'équipage a pris place, sur le commandement de l'homme de barre, debout à l'arrière, ceux qui demeurent à terre poussent le canot hors du chariot : le voilà à l'eau; il faut s'éloigner rapidement en luttant contre les vagues qui déferlent, contre le courant; on va courir au secours des naufragés.

Ce qu'on peut appeler l'armement des sauveteurs s'est complété par certains appareils tout à fait ingénieux; on met notamment à contribution de petits canons et aussi des fusils appelés porte-amarres, canons ou fusils lançant une sorte de projectile en bois à une certaine distance, sous l'action d'une cartouche de poudre que l'on fait exploser dans le fusil ou le canon; à ce projectile est fixée l'extrémité d'une cordelette qui se déroule au fur et à mesure que le projectile se déplace dans l'air. En tirant de la sorte, on s'efforce de lancer le projectile, et par suite

UN SAUVETAGE AU MOYEN DU FUSIL PORTE-AMARRE.

le bout de la cordelette, plus loin que le bateau auquel on veut porter du secours. Ceux qui sont à bord peuvent alors se saisir du bout de la corde; à terre on y a attaché un gros câble qui arrivera de la sorte entre les mains des naufragés. Il suffira ensuite de le fixer, d'une part à l'épave du bateau, de l'autre à un point solide de la côte; et il s'établira, entre le bateau et la terre, ce qu'on appelle un va-et-vient, le plus souvent à l'aide d'une sorte de corbeille, ou d'une forte culotte en toile qui peut courir sur le câble par une poulie, et dans laquelle les naufragés monteront successivement. Un câble double permet de tirer à terre cet engin, puis de le ren-

voyer vide à bord du bateau pour recevoir un nouveau chargement
humain. Malheureusement, canons et fusils porte-amarres ne peuvent
pas tirer très loin : on ne saurait en effet lancer un véritable projectile qui risquerait de blesser quelqu'un des naufragés. On a
commencé également de faire usage, pour envoyer un câble à un
bateau en perdition, d'un cerf-volant lancé du rivage. On le laisse
filer jusqu'à ce qu'il soit plus loin que le bateau; et quand on rend
brusquement de la corde, il tombe à l'eau; sa cordelette, s'il a
été bien dirigé, a beaucoup de chance de venir à bord du navire
qu'on veut secourir : cela permettra alors d'établir le va-et-vient.

Tous les ans, comme nous le disions, les sociétés de sauvetage
arrachent à la mer toute une série d'existences; mais, en fait, ce
sont surtout des pêcheurs des côtes, des équipages de petits
bateaux peu résistants, surtout des gens qui commettent des
imprudences et qui se confient à des constructions vieillies, ou qui
ne savent pas éviter les dangers. Pour la grande navigation, la
sécurité s'est accrue dans des proportions invraisemblables. Et
quant aux catastrophes comme celle qui a frappé le *Titanic*, ce ne
sont pas les stations de sauvetage des côtes qui y pourraient porter
remède.

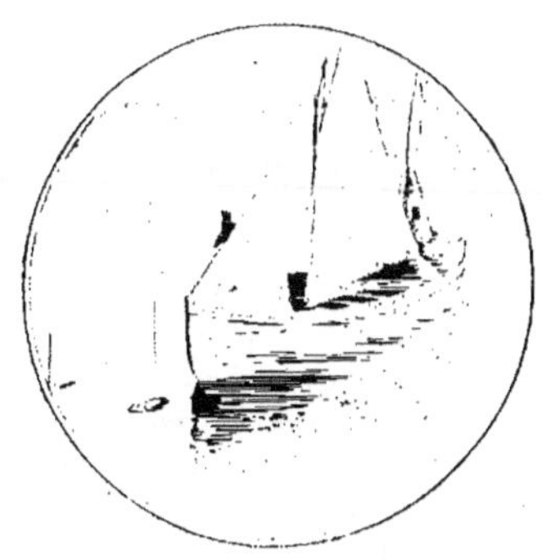

CHAPITRE XVII

CE QUE C'EST QU'UN PORT

o   o   o

Avec les proportions qu'a prises le navire moderne, le navire de commerce en particulier, soit pour le transport des passagers, soit pour celui des marchandises, il est absolument indispensable que l'on dispose de ports bien aménagés, dans tous les pays qui veulent voir leur littoral fréquenté par cette grande navigation. Mais, d'une façon plus générale encore, même pour les bateaux de dimensions modestes, même pour les bateaux de pêche, il est nécessaire qu'ils trouvent sur les côtes des points d'abri et aussi de réparations; et ces abris, ce sont précisément les ports maritimes.

Les ports pour petits bateaux, pour flotte de pêche, sont bien loin de la complexité des grands ports modernes, destinés à recevoir les immenses transatlantiques par exemple; néanmoins, ils sont loin également de la simplicité de ce qui tenait lieu de port autrefois. Et si par exemple nous jetons un coup d'œil sur la gravure que nous donnons ici, gravure représentant le prototype d'un petit port, il

est vrai, dans des mers assez difficiles, le petit port de Sercq, nous y
trouverons des installations ou tout au moins des constructions
auxquelles on ne faisait guère appel dans les ports tout à fait primitifs. A l'époque de cette navigation phénicienne dont nous avons dit
un mot, et qui a été une des ancêtres les plus remarquables de la
navigation commerciale moderne; à l'époque où les Romains avaient
conquis la Gaule et possédaient une véritable flotte circulant tout
autour de ce pays; quand un bateau parvenait au bout de son
voyage, les marins le tiraient au sec; tout au moins, là où il y avait
une marée d'une certaine amplitude, ils laissaient la mer descendre,
et le bateau demeurait à sec soit sur une plage, soit sur les rochers
au-dessus desquels il flottait tout à l'heure. Encore actuellement,
sur une foule de points des côtes mêmes de la France, dans les petits
ports de pêche de la Manche, on tire les bateaux à sec de la même
façon. Une fois qu'ils sont sur la plage, non seulement on peut les
décharger sans difficulté, mais encore on peut les réparer, les
repeindre; on peut ensuite les recharger et attendre la mer à monter
qui les mettra à flot toute seule. On a encore la ressource, comme
on le faisait couramment jadis, de disposer à l'avance des rouleaux
de bois qui serviront à tirer le bateau au sec, et donneront ensuite
le moyen de le faire redescendre plus aisément vers l'eau, afin qu'il
reparte pour un nouveau voyage.

Au fur et à mesure que la taille et le tonnage des navires ont
augmenté, on a compris qu'il pouvait y avoir intérêt à les laisser à
flot constamment, surtout si le bateau est chargé : quand il se trouve
à sec sa coque et sa charpente fatiguent sous l'influence même de la
cargaison qu'elles portent. D'autre part, du moment où on laisse le
bateau à flot, il s'impose de lui chercher un abri dans une anse,
derrière quelque pointe de terre qui puisse le garantir des vents et
des colères de la mer; c'était là la simple utilisation de ce qu'on peut
appeler les ports naturels. Du reste, pour les ports les plus compliqués de notre époque, le plus souvent on les établit, avec toutes
leurs installations diverses, dans des baies, à l'abri de caps, de
langues de terre qui peuvent rendre plus facile l'entrée de l'établissement maritime que constitue le port.

Mais si le bateau demeure à flot, on se trouve en présence d'une
autre difficulté, d'un autre inconvénient : il n'est pas facile de passer
du bord de ce bateau à terre; il est très rare que la profondeur, le
long même des rochers qui bordent l'anse que l'on a transformée en
port, en la mettant à utilisation, soit suffisante, même pour des
bateaux modestes, et de telle manière que ces bateaux puissent
s'attacher, s'amarrer le long même des rochers constituant la côte,
tout en demeurant à flot; et sans craindre que la houle, les agitations
des vagues, et à plus forte raison le mauvais temps, poussent brutalement la carène du navire le long des rochers et ne lui causent des

avaries. Il a donc fallu aider la nature, la modifier, la transformer ; et l'on a commencé, il y a déjà assez longtemps, à faire artificiellement, à maçonner des murailles, des quais, comme on dit, établis à mer basse, par des marées exceptionnelles, et donnant aux bateaux le moyen de venir s'amarrer le long de ces quais tout en demeurant à flot. Alors le passage du quai sur le bateau ou inversement se fait très facilement ; et les marchandises peuvent embarquer ou débarquer aisément ; tout au moins à mer haute, ou quand la profondeur d'eau est suffisante. Nous devons dire que la transformation et l'amélioration se sont réalisées d'autant mieux que, souvent, ces murailles de quais ont pris la forme, comme dans le petit port que nous mettons sous les yeux du lecteur, d'un mur s'avançant dans l'eau, et à l'abri duquel le bateau peut venir stationner, la muraille formant une véritable digue et bordant une sorte de bassin grand ouvert ; la digue abrite partiellement ce bassin de la violence des vagues par mauvais temps, en même temps qu'elle joue le rôle si utile de quai pour la navigation. Le port ainsi constitué peut être protégé encore mieux par d'autres murailles construites plus vers la mer, fermant davantage l'anse où l'on a le petit port avec son quai ; le principe demeure toujours le même.

On a bien parfois transformé l'ancienne plage inclinée où on laissait à sec les bateaux, en une surface inclinée elle-même et empierrée que l'on appelle, en matière de navigation intérieure, un port de tirage. Mais le plus ordinairement on a construit des ports droits, des quais verticaux donnant les avantages que nous avons essayé tout à l'heure de faire comprendre. Néanmoins, surtout jusque vers le milieu du siècle dernier, le port pour ainsi dire normal était, dans des dimensions plus grandes, analogue au tout petit port dont nous avons vu la création se faire sous nos yeux. On y trouvait un bassin de marée, emplacement entouré de quais et formant un abri contre les violences de la mer ; mais emplacement qui, couvert d'une épaisseur assez considérable d'eau à mer haute, était au contraire à sec à mer basse. Les bateaux qui étaient au port étaient mis eux-mêmes à sec, donnaient de la bande, comme on dit, et devaient attendre pour sortir que la mer revînt au port. De même les bateaux désireux d'entrer dans le port devaient se tenir au large, là où il restait suffisamment d'eau pour leur tirant, et ne rentraient que quand la mer revenait dans le bassin. Bien entendu, dans les mers sans marées, cet inconvénient ne se faisait pas sentir ; et précisément dans cette Méditerranée où le commerce s'était développé avant qu'il se développât vraiment nulle part ailleurs, les oscillations de la marée sont presque insensibles. Dans toutes les autres mers, ces échouages n'étaient pas sans fatiguer grandement les bateaux, surtout parce que leurs dimensions s'accroissaient ; des inconvénients sans nombre résultaient de cette situation. Il était indispensable de permettre aux

UN PETIT PORT TYPIQUE.

navires de demeurer constamment à flot, leur mise à sec interrompant souvent les opérations de chargement ou de déchargement; il fallait aussi donner à la navigation la possibilité d'entrer et de sortir constamment, pour activer les opérations commerciales, qui devenaient de plus en plus importantes.

Nous devons dire que la solution de ce problème a été rendue de plus en plus difficile; soit pour la construction des bassins à flot, de ceux où les navires ne peuvent pas s'échouer, parce que l'eau y est toujours maintenue artificiellement; soit pour le creusement des chenaux d'accès dans les ports, des passes qui relient la haute mer et ses grandes profondeurs aux bassins du port. Pour la création de ces bassins à flot, pour le creusement de ces chenaux, heureusement a-t-on pu mettre à contribution des procédés de construction perfectionnés, notamment le travail à l'air comprimé sous l'eau; on a eu également à sa disposition des instruments de creusement admirables, en particulier ces dragues que l'on voit fonctionner un peu partout à l'heure actuelle. A l'aide de la chaîne ininterrompue et constamment en mouvement portant des godets qui vont enlever les terres, les vases, les sables au fond de l'eau, elles augmentent rapidement la profondeur d'un chenal ou d'un bassin. On peut dire sans exagération que nous avons conquis nos ports maritimes sur la mer même. Cela est vrai quand il s'agit seulement d'un petit port créé à l'aide d'une digue, d'une jetée, d'une muraille de maçonnerie établie dans l'eau, et s'y avançant; cela est tout aussi vrai quand nous considérons le chenal creusé dans la mer, chenal présentant maintenant des profondeurs de plusieurs mètres, là où autrefois, à mer basse, il ne restait plus d'eau. C'est encore plus vrai des grands ports tout à fait modernes, où l'on ne se contente point d'établir des digues et des jetées, pour former un abri au profit des bateaux, où l'on crée en pleine eau des sortes de bassins à flot. C'est ce qui se présente à Barcelone, à Bruges, du moins à ce qu'on appelle Bruges maritime, le long de la côte, en face de la célèbre ville flamande; c'est également le cas à Kobé, au Japon, et sur bien d'autres points. Cela commence de se passer de la même manière au Havre ou encore à Boulogne, sur notre littoral français. Nous lançons pour ainsi dire vers la haute mer de longues jetées, des murailles de maçonneries cyclopéennes, qui sont prolongées jusqu'à ce que l'on atteigne de très grandes profondeurs d'eau, même à marée basse; dans ces conditions, la digue, la jetée, la muraille, forme un énorme quai, énorme par sa longueur, par sa hauteur depuis le sol sous-marin jusqu'à sa surface supérieure, souvent même par sa largeur, en tout cas par sa masse. Le long de cette digue, de ce quai auquel les navires peuvent facilement s'amarrer, les bateaux trouvent une profondeur d'eau énorme; en même temps, sur et le long du quai, ils rencontrent les voies ferrées amenant les wagons chargés de marchandises ou de passagers; ces mêmes quais comportent des grues de soulèvement des charges, des magasins de toutes sortes, en un mot tous les aménagements divers qui sont absolument indispensables à un grand port moderne.

C'est à cet appareil si remarquable qu'est la drague, qu'on doit le creusement des chenaux maritimes, l'approfondissement des bassins, l'enlèvement des terres là où l'on veut en construire de nouveaux. C'est également à une transformation des méthodes et des procédés techniques que nous sommes redevables de ces immenses jetées et de ces digues formant tout à la fois quai et abri : blocs artificiels formés de béton, véritables caisses constituées d'une armature métallique et d'une masse de béton qui noie et entoure cette armature. Quand la boîte a été amenée là où elle doit prendre place, on la coule sur place, on la remplit de béton liquide qui fait prise. On a dès lors une masse formidable de 3 000, 4 000, 5 000 tonnes, un bloc de maçonnerie artificielle gigantesque qui s'associera à ceux qui ont été déjà placés ou à ceux que l'on posera ensuite, et qui sera susceptible par son poids de pouvoir résister à toutes les attaques de la mer.

Dans un de ces ports nouveaux auxquels nous faisions allusion tout à l'heure, au port de Bruges maritime ou de Zeebrugge, — comme on l'appelle localement en Flamand, — au cours d'une tempête, il s'est produit, sous l'influence de l'assaut des lames, une

trouée formidable, de plusieurs kilomètres de long, dans la digue
qu'on était en train de construire, et qui forme les quais du port
en eau profonde.

Il semble que l'on ait de plus en plus l'intention de conquérir sur
la mer les grands ports de commerce (tout comme les ports de
guerre). Dans certains des grands ports de commerce de France ou
même du monde, on trouve constamment encore les grands bassins

LA DRAGUE, L'INSTRUMENT CLASSIQUE DU CREUSEMENT DES PORTS.

à flot dans lesquels les navires demeurent enfermés à certaines
heures de la marée, pour empêcher que l'eau des bassins ne baisse
sous l'influence même de cette marée. Au contraire, dans les ports
en eau profonde bien installés, les navires, qui sont le long des
quais ménagés eux-mêmes sur des digues, des môles, trouvent
constamment sous leur quille assez de profondeur pour continuer
à flotter en dépit de la dénivellation.

En tout cas, ce qui est bien typique du port maritime, c'est le
quai vertical le long duquel viennent s'amarrer les navires; souvent
ils seront en rangées parallèles le long de ce quai, parce que le
développement des murailles verticales n'est pas suffisant pour le
nombre de navires qui viennent dans le port; c'est le cas tout particulièrement pour les ports de pêche. Cette disposition n'a pas un
très gros inconvénient ici : le déchargement du poisson d'un bateau
venant s'amarrer lorsqu'il y a déjà une ou deux rangées d'autres
bateaux, peut se faire par-dessus le pont de ces bateaux mêmes; le
poisson est transbordé, débarqué et apporté sur le quai ou jusqu'au
marché au poisson, dans de grandes corbeilles portées par deux

hommes; et la traversée du pont d'un ou deux bateaux n'est pas pour les gêner beaucoup. Souvent d'ailleurs, même dans les grands ports, on verra les navires non plus amarrés parallèlement aux quais, mais perpendiculairement à ce quai. L'embarquement des passagers et même des marchandises se fera par l'arrière du bateau; et fréquemment aussi, pour charger et décharger ces bateaux, on recourra à des chalands, à des allèges qui viendront s'amarrer le long des flancs du navire, recevoir la cargaison qui en sortira ou apporter celle qui doit y pénétrer, s'engouffrer dans les cales. Cet amarrage en pointe, comme on dit, n'est pas très commode, il gêne la manutention des marchandises, mais il s'impose très souvent. D'ailleurs il n'a aucun inconvénient quand le bateau a fait déjà son plein de marchandises, et qu'il attend simplement le dernier moment pour recevoir les passagers qui vont embarquer jusqu'à la dernière minute.

Le port de mer est comme la gare de la voie maritime. Quant à la voie même, elle n'a pas besoin d'être posée, créée artificiellement comme une voie ferrée, sauf dans le tout proche voisinage des côtes et du port, où il faut parfois procéder à des dragages, à des enlèvements de roches, à des approfondissements; la voie maritime entre l'Europe et les États-Unis par exemple présente partout une profondeur et une largeur suffisante, même pour les bateaux de plus en plus grands que l'on construit à notre époque. Mais la gare, soit gare terminus, soit gare d'escale, a besoin, elle, d'être transformée, installée, améliorée. Il importe au premier degré que le navigateur puisse arriver en sûreté dans le port, y décharger sa cargaison et ses passagers ou embarquer passagers et cargaison, aussi vite et aussi commodément, aussi économiquement que possible. Il faut que, dans toutes ces opérations, il trouve pleine sécurité. Aussi bien le port est-il souvent pour lui un simple abri où il se réfugie contre un trop mauvais temps.

Ici, comme en toutes matières, l'homme a d'abord commencé à utiliser ce que lui offrait la nature, il a recherché quelque petite baie abritée par une pointe de terre, par un cap, comme nous le disions; puis il a essayé de compléter l'abri; et il en est arrivé, par des perfectionnements successifs, à créer les digues, les môles, les jetées, les brise-lames, que l'on construit suivant des procédés et des modes divers, avec des matériaux et des détails de construction très variés eux-mêmes, toujours pour arrêter la violence du vent et des vagues. La jetée, la digue pourra se relier à la terre ou au contraire être établie isolément : le principe sera toujours identique. Bien entendu, on ménagera dans cette digue, ou entre deux digues formant abri, une entrée, un chenal pour donner passage aux bateaux. Il est à remarquer que, pour trouver plus facilement un abri, surtout à une époque où les bateaux ne présentaient pas de

grandes dimensions et un fort tirant d'eau, on a cherché bien souvent
à installer les ports à l'embouchure des fleuves, et même plus ou
moins haut sur le cours du fleuve. C'est ce dont on peut s'apercevoir
facilement en consultant une carte géographique, notamment pour
la France, où l'on verra Le Havre sur l'embouchure de la Seine,
Rouen qui est loin déjà sur le cours du fleuve, mais en un point où
la marée remonte encore; il n'en est pas différemment de Bordeaux
ou de Nantes et de Saint-Nazaire, qui profitent de l'abri naturel que
leur présente l'estuaire. On se disait au surplus, et avec raison jadis,
qu'en faisant remonter les bateaux de mer plus loin dans l'intérieur
des terres, au moyen du fleuve, les marchandises ainsi apportées ou
celles que l'on devait emporter, pouvaient atteindre plus aisément
le port, le lieu d'embarquement, ou venir du lieu de débarquement
pour se distribuer un peu partout dans le pays. Ajoutons que, une
fois entré dans le fleuve, le navire se trouve protégé des agitations
de la mer. Il existe encore à l'heure actuelle de très grands ports qui
sont des ports fluviaux, comme Anvers, Hambourg, Bordeaux même,
qui demeure un grand port, bien qu'il ait perdu de son importance
relative. Pour permettre aux navires de mer dont la taille grandit
sans cesse d'atteindre malgré tout les ports situés sur les fleuves, à
une certaine distance de la mer, il faut exécuter des travaux extrêmement importants de dragage et d'approfondissement du fleuve.
C'est la nécessité à laquelle on s'est heurté pour Londres, qui est
encore le plus grand port du monde, et qui se trouve sur la Tamise
à bonne distance de la mer : on y exécute actuellement des travaux
énormes.

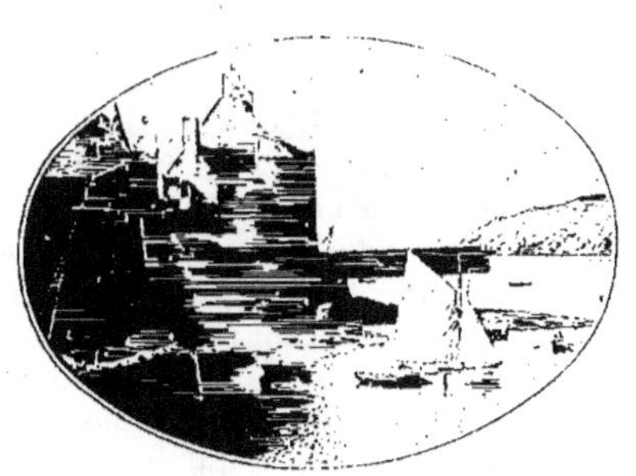

UN BASSIN DE CARÉNAGE.

CHAPITRE XVIII

LES AMÉNAGEMENTS D'UN PORT

o   o   o

Nous avons vu ce qui constitue un port maritime, comment les premiers se sont créés, quels sont les efforts qu'on a dû faire pour les transformer, les améliorer, les mettre à la hauteur des besoins de la navigation et des navires de plus en plus grands que l'on construit. Nous avons indiqué, comment, par suite des nécessités du commerce et de la rapidité qui s'impose, et aussi des dimensions des bateaux, on en est arrivé, du port de marée, des bassins où les bateaux sont mis à sec, aux bassins à flot dont le niveau et la profondeur restent continuellement identiques. Comme, au surplus, les marchandises débarquées des navires qui arrivent dans un port ne sont pas destinées à demeurer sur le quai où l'on vient de les descendre, il faut qu'elles trouvent la possibilité de gagner facilement et rapidement, même économiquement, les magasins des négociants qui les vendront au public. Il faut que beaucoup d'entre elles, comme les laines, les cotons, par exemple, soient transportées dans les

usines qui les transformeront, les emploieront à des fabrications
diverses. Il faut d'autre part que les marchandises qui doivent être
expédiées pour des destinations éloignées par les navires qui viennent embarquer des cargaisons à leur bord, soient apportées sur les
quais de ces ports aussi près que possible des navires. Comme
d'ailleurs le port ne sert pas seulement aux industriels et aux commerçants établis dans la ville; comme c'est le plus ordinairement le
contraire qui se passe, les marchandises expédiées ont de longues
distances à parcourir avant de s'embarquer, les marchandises
débarquées ont également de longs parcours à effectuer avant de
parvenir à leur destination. Bien entendu, ces transports à grande
distance se font aujourd'hui non plus par charrettes comme jadis,
mais par chemins de fer, ou parfois par canaux.

Et voilà pourquoi, en vous promenant dans un port, vous vous
apercevrez tout de suite que les quais, les sortes de rues ou de places
soutenues par les murailles le long desquelles s'amarrent les bateaux,
sont parcourus par d'innombrables voies ferrées; sur ces voies
arrivent des convois, des wagons pleins ou vides apportant les marchandises qui vont s'embarquer, ou destinées à recevoir les cargaisons que l'on va sortir des flancs des navires se trouvant dans le
port. Souvent aussi, comme au Havre, les voies de navigation intérieure, les chalands pénètrent dans la ville possédant un port maritime : si bien que les marchandises peuvent passer facilement de ces
chalands de navigation intérieure dans les cales des navires de mer,
ou inversement. Autrefois, quand le commerce maritime était beaucoup moins considérable qu'aujourd'hui, quand on était moins
pressé, qu'on utilisait peu ces bateaux à vapeur si coûteux, que l'on
cherche à immobiliser le moins possible dans les ports et à faire
au contraire naviguer presque constamment, le transbordement des
marchandises des quais dans les bateaux se faisait à bras d'hommes.
Aussi bien, souvent encore, dans les ports secondaires et même dans
certains grands établissements maritimes, sous l'influence de la rou-
tine, on continue d'employer ce procédé si lent et si coûteux en
réalité, bien que les ouvriers débardeurs, les dockers ne soient pas
payés chers. Mais dans les ports bien outillés et où il se fait un
grand trafic, toutes les manutentions de marchandises s'exécutent
mécaniquement au moyen d'appareils soit à vapeur, soit électriques
que l'on appelle des grues, des bigues; grues de toutes sortes et de
toutes dimensions, de toute puissance, permettant de soulever et de
manœuvrer vite des grosses charges. L'engin comprend toujours une
chaîne s'enroulant sur une poulie en haut de la grue; la chaîne porte,
en bas, un crochet auquel on suspend le colis, la caisse, la charge
quelconque qu'il s'agit de soulever, pour la faire passer du quai dans
la cale du bateau ou inversement. On laisse arriver la vapeur ou le
courant électrique; cela fait tourner un tambour, un treuil sur lequel

s'enroule l'autre bout de la chaîne. En un clin d'œil, la charge est
soulevée; généralement, la grue tourne sur elle-même, ou tout au
moins son bras. On peut donc amener le colis au-dessus du point où
on veut le déposer; on fait mouvoir le tambour en sens inverse, la
charge descend, et quand elle repose sur le pont ou sur le plan-
cher de la cale du navire, sur le quai, ou encore sur le wagon où
l'on désire la charger directement; le tour est joué, l'opération terminée. On n'a plus qu'à recommencer de même pour une autre partie
de la cargaison.

Étant donnée l'importance que prend la manutention des marchandises dans un port, on a inventé toute une série d'appareils multiples
qui ne sont guère que des grues plus ou moins perfectionnées, pour
embarquer ou débarquer les marchandises diverses, notamment les
charbons, les minerais chargés en masse dans les cales, en vrac suivant l'expression maritime. Les outils imaginés dans ce but puisent
minerais, charbons, dans les cales, où ils forment d'énormes tas, pour
les déverser dans les wagons amenés sur les quais. Pour l'embarquement de ces matières, il s'effectue fréquemment de la façon la plus
curieuse, et plus rapidement encore que ne pourrait permettre la grue
la plus perfectionnée; les wagons pleins de charbons, par exemple,
sont amenés le long du quai, puis on les fait monter sur une sorte de
charpente spéciale où on les soulève à l'aide d'un ascenseur; et quand
ils sont à bonne hauteur au-dessus du pont du navire, brusquement,
on les fait basculer dans la cale toute grande ouverte. On a imaginé
également ce qu'on appelle les élévateurs à blé pour les ports où l'on
exporte de très grandes quantités de céréales : si un bateau arrive
plein de blé qu'il s'agit de décharger, on fait descendre dans sa cale
un grand bras où court une courroie de toile, à laquelle sont fixés
de petits godets; cela ressemble à ces dragues à godets dont nous
avons parlé. Quand les godets sont descendus se remplir de blé dans
la cale, ils remontent en haut du long bras, et se déversent dans les
magasins, dans les greniers des élévateurs, où ces grains s'entassent.
Tout cela se fait avec une rapidité surprenante, comme si l'on pom-
pait le contenu de la cale. D'ailleurs il y a de ces élévateurs où le blé
est réellement aspiré par des tuyaux. Quand on voudra charger le
grain dans des wagons pour l'envoyer au loin sur le continent, il
s'écoulera des greniers pour ainsi dire tout seul, en étant pesé au
fur et à mesure, et après avoir subi les nettoyages nécessaires. Si
l'on veut recharger dans un autre navire le blé déposé dans les greniers, on remettra en mouvement la courroie, qui descendra cette
fois avec ses godets pleins de grain dans la cale du bateau, où ils se
videront tout seuls; et le chargement se fera avec autant de rapidité
que s'était fait le débarquement.

Si nous avons insisté sur ces appareils de manutention des cargaisons, c'est qu'encore une fois ils sont aussi essentiels dans un

port moderne que les bassins, les quais et le reste; d'ailleurs, nous aurions pu signaler que, souvent aussi, au lieu de grues installées sur les quais, on emploie des grues flottantes montées sur un chaland et pouvant s'approcher du bateau dont on veut faire passer la cargaison dans un autre bateau.

On comprend qu'un port moderne soit chose particulièrement compliquée, à cause de tous les besoins auxquels il peut répondre.

LE PASSAGE PAR UNE ÉCLUSE DE PORT D'UN GRAND NAVIRE.

On peut ajouter que c'est un établissement absolument artificiel, où presque tout est construit de la main de l'homme. A ce port, nous voulons dire au port bien compris, présentant tout le nécessaire, il faut d'ailleurs une rade : c'est comme une espèce de vestibule où les navires viennent jeter l'ancre, surtout s'ils sont obligés d'attendre que la mer monte pour entrer dans le chenal, ou même dans le port, si la profondeur n'y est pas constamment suffisante pour eux. La rade sert également aux bateaux qui sortent; elle leur permet d'attendre le moment propice, le temps favorable pour partir. Il faut que cette rade soit abritée du vent du large, de la grosse mer, de façon que la navigation y trouve un refuge; il est essentiel qu'elle présente une profondeur suffisante pour les plus grands navires qui fréquenteront le port; elle ne doit pas posséder de bas-fonds dangereux. Nous pourrions ajouter encore qu'elle doit donner aux ancres des bateaux une bonne tenue, comme on dit : ces ancres y trouveront à mordre et à se fixer solidement. C'est pour répondre à tous ces besoins que souvent on dote les ports modernes, comme par exemple le Havre, d'un vaste avant-port que l'on abrite par des brises-lames construits à l'aide d'énormes blocs artificiels en béton ; on se livre également, dans les avants-ports de ce genre, à des travaux de dragage pour augmenter la profondeur d'eau.

Si nous suivons le navire, nous le verrons pénétrer dans le port proprement dit (si le port n'est pas construit comme celui de Zeebrugge) par une passe, un chenal : ce chenal est généralement limité des deux côtés par des jetées qui brisent la mer et abritent immédiatement le navire. Toutes sortes de difficultés se rencontrent dans l'établissement de ce chenal. Il faut notamment lui donner une profondeur de plus en plus grande, toujours à cause des dimensions que prennent les navires ; il doit être bien droit, car il est malaisé, aux grands navires surtout, de changer de direction dans l'espèce de couloir étroit qui constitue le chenal.

Après avoir passé le chenal, le navire arrivera généralement dans un élargissement qui forme un second vestibule du port ; très souvent cela a été jadis le port lui-même, port à marée bordé de quais, qui se trouvait fréquemment à sec sur une partie de sa surface. A basse mer il ne présente plus qu'une faible profondeur d'eau, sauf dans les grands passages où circulent les navires destinés à entrer dans les bassins à flot. Pour y pénétrer, le navire doit traverser une écluse disposée comme les écluses de nos canaux, avec deux séries de portes ; une fois la première double porte ouverte, il est engagé dans ce qu'on appelle le sas de l'écluse. On fermera la porte derrière lui, on établira le niveau de l'eau entre le bassin à flot et le sas ; et l'on pourra alors faire entrer le bateau dans le bassin, dont le niveau n'aura guère été abaissé par la petite quantité d'eau que l'on aura laissée s'écouler dans le sas. Dans nos ports modernes, les bassins à flot sont multipliés ; ils sont généralement spécialisés suivant les marchandises dont on y fait commerce, c'est-à-dire qui s'y embarquent ou s'y débarquent ; certains bassins à flot seront par exemple réservés aux grands transatlantiques, aux bateaux à passagers. On doit donner au bassin de grandes dimensions, parce qu'il faut qu'un navire puisse y évoluer, comme on dit, y tourner complètement. Le passage des grand navires dans les écluses n'est pas sans présenter de réelles difficultés et même des dangers ; ils tiennent presque toute l'écluse, et une fausse manœuvre peut venir les faire se heurter aux murailles où il se feront des avaries. Les bassins à flot modernes ont couramment des profondeurs d'eau de 10, 11 mètres et plus, tout simplement parce qu'on construit des bateaux dont le tirant d'eau atteint ce chiffre ; il est indispensable qu'il reste une certaine épaisseur d'eau entre le fond du bassin et la quille du navire, si l'on ne veut pas qu'il se produise un accident. Comme conséquence, les quais, les murailles soutenant les terres autour du bassin, doivent être descendues à une profondeur bien autrement grande que le fond de celui-ci ; elles doivent être établies avec une solidité absolue, car souvent les terrains du bord de la mer sont sans consistance. Aujourd'hui, cela n'est plus pour effrayer nos constructeurs ; on sait travailler à l'air comprimé, à l'aide de caissons métalliques, véritables boîtes dans lesquelles on envoie de l'air sous-pression. Les ouvriers y descendent et peuvent y creuser ou maçonner à l'abri de l'eau ; les caissons descendent eux-mêmes au fur et à mesure

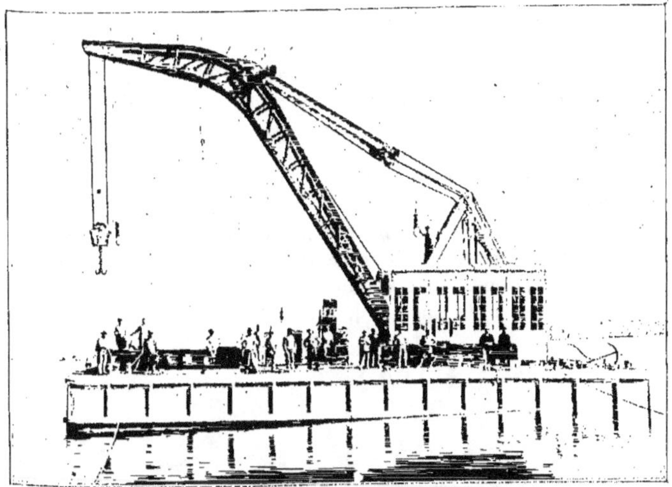

UNE GRUE FLOTTANTE.

que l'excavation se poursuit. On pourra ainsi établir dans ces caissons la maçonnerie qui formera les fondations du mur de quai, et les caissons une fois remplis, on construira le quai même sur leur sommet.

Il faut se réserver la possibilité d'approfondir plus tard le bassin, afin de répondre à l'augmentation de taille des navires. Le plus souvent, on est maintenant forcé de construire de toutes pièces des bassins nouveaux eu égard à la profondeur qu'on doit leur donner.

On rencontre dans les ports certains bassins spéciaux qu'on appelle des bassins de chasses : ils sont destinés à enfermer une grande masse d'eau au fur et à mesure que monte la marée. On les ferme quand la mer est haute ; puis, quand elle est descendue à peu près complètement, on laisse écouler la masse d'eau qu'ils renferment, de manière à ce que cela forme un courant d'eau formidable qui emporte au large les sables, les vases qui ont pu se déposer. C'est un procédé d'approfondissement que d'ailleurs on tend à abandonner.

Nous avons parlé du rôle des appareils de manutention dans les ports. De toutes parts, en les multiplie en les actionnant soit par l'eau comprimée, soit par l'air comprimé, soit par la vapeur, soit enfin électriquement. Parallèlement aux quais, et le long des voies ferrées infiniment ramifiées qui sillonnent ces quais et les relient au réseau ferré, et d'abord à la gare des marchandises de la ville, s'élèvent des bâtiments de toutes sortes, entrepôts destinés à recevoir les marchandises, à les abriter et des intempéries et des vols. Le long même du quai, partout, ce sont des poteaux destinés à amarrer les navires; des ponts-tournants sont aménagés par-dessus les écluses pour le passage soit des wagons, soit des véhicules de toutes sortes. Dans une partie du port sont les instruments de radoub dont nous reparlerons, les bassins de carénage; à côté sont les machines à mâter, énormes bigues chargées soit de placer ou de déplacer les mâtures (ce qui est de plus en plus rare), soit d'enlever ou de replacer à bord les chaudières, les machines.

De toute part, l'activité règne dans le port. Les plus grands navires sont tirés par des petits bateaux à vapeur spéciaux, particulièrement robustes, les remorqueurs; à l'entrée du port, nous trouvons le sémaphore, qui indique tout à la fois le temps probable, l'état de la marée, et qui communique avec les bateaux attendant en rade pour trouver la place à quai où embarquer, où débarquer des marchandises.

CHAPITRE XIX

LES RÉPARATIONS DES NAVIRES

o o o

Le port n'est pas seulement le lieu où l'on vient en sûreté, au cas où la mer est mauvaise, ni le bassin où l'on trouve des quais pour embarquer ou débarquer facilement les marchandises. C'est aussi l'établissement où le bateau qui a des avaries, qui a subi des dégâts sous l'action de la violence de la mer, ou tout simplement à la suite d'un long voyage, vient se réparer, se remettre à neuf. Dans tout port bien organisé, on doit trouver des appareils, des installations, des chantiers de réparations. C'est encore plus nécessaire que les chantiers où l'on construit les navires neufs destinés à remplacer ceux qui vieillissent; ou encore les établissements où l'on démolit les vieux bateaux quand on estime qu'ils ne sont plus assez résistants pour qu'on leur confie la vie des passagers et des marins. A la vérité, le navire n'attend pas toujours d'être rentré dans un port pour réclamer des réparations urgentes : c'est le cas qui se produit quand il a subi un échouage, une collision, dans laquelle sa coque a été ouverte partiellement : quand une voie d'eau s'est faite de la sorte, il est absolument indispensable d'y porter remède provisoirement, mais de façon immédiate.

Nous avons prononcé le mot de voie d'eau et d'avaries à la coque : le fait est que, si un bateau subit une avarie, elle sera particulièrement dangereuse quand elle atteindra la carène. D'ailleurs, c'est le plus souvent dans la coque qu'elle se manifestera, quand le navire aura touché un récif, quand il sera venu en collision avec un autre navire : l'ouverture ainsi faite à son flanc, si elle est au-dessous de la ligne de flottaison, au-dessous de l'eau, demande à être aveuglée immédiatement, ou tout au moins dans un très court espace de temps : il faut boucher le trou ou les trous. Car lors même qu'il y aurait une double carène, un cloisonnement du genre de celui qu'on adopte pour les bateaux modernes, il ne faut pas laisser de l'eau dans les flancs du navire. On doit boucher le trou, pomper autant que possible pour évacuer toute l'eau qui s'est introduite. Quand on est réduit à ce que nous appelions tout à l'heure les moyens du bord, on s'y prend naturellement comme on peut. Parfois on se contente de faire glisser une grande toile, une voile autour de la carène, et de l'ajuster au mieux, au moyen de câbles passés autour de cette coque; de manière à ce qu'elle vienne s'appliquer sur la coque et sur la voie d'eau. Souvent on pourra disposer intérieurement des planches, des matelas spéciaux; on formera de la sorte comme un bouchon pour le trou, on séparera de l'eau extérieure la partie du navire où déjà l'eau s'est introduite par l'ouverture. Avec les navires partagés par des cloisons étanches en un certain nombre de compartiments, la besogne est plus facile, car on n'a pas peur que la voie d'eau envahisse rapidement tout le bateau. Néanmoins, l'opération est toujours malaisée, même quand il y a des compartiments étanches. Il faut toujours faire descendre des hommes, des charpentiers dans la partie du navire envahie par l'eau, pour poser les planches, l'étoupe, les matelas qui ont pour but d'obstruer la voie d'eau. Et comme les marins les plus habitués à l'eau ne sont pas néanmoins des poissons, on est obligé de leur faire prendre l'appareil si remarquable qu'on a inventé sous le nom de scaphandre, qui permet de descendre dans l'eau, d'y travailler tout en respirant comme à l'ordinaire, grâce à un tube envoyant de l'air comprimé dans le casque métallique qui abrite la tête de l'homme transformé en scaphandrier.

L'usage du scaphandre est d'autant plus nécessaire, que les proportions du bateau sont plus grandes, et que faire passer une voile sous le flanc et la quille du navire devient tout à fait difficile. Il va de soi que le scaphandrier habillé de son vêtement de caoutchouc étanche, qui lui laisse les mains libres, peut descendre dans l'eau extérieurement au bateau, du moment où on le suspend à

l'aide d'une solide corde, ou plus souvent même d'une échelle de
corde. La tête coiffée de son casque de métal muni d'une vitre
épaisse sur le devant, il voit suffisamment ce qu'il a à faire et où
il se dirige. Et si le travail ne peut pas être rapide, du moins il peut
s'effectuer; l'homme descendra ainsi à plusieurs mètres de profondeur. Quand il sera fatigué, on en sera quitte pour le remonter et
en envoyer un autre à sa place. De toute manière, quand l'avarie
aura été réparée par ces moyens de fortune, le navire sera toujours

UN BATEAU QUE DEUX SAUVETEURS SONT EN TRAIN DE RELEVER.

menacé d'un autre accident : le bouchon grâce auquel on aura
obturé la voie d'*eau* ne présente pas une solidité à toute épreuve;
il faut craindre que la pression extérieure de l'eau ne le fasse céder.
On doit redouter également que les planches, les matelas, les toiles
qu'on a attachés et glissés un peu comme on a pu, ne se déplacent
partiellement sous l'action de la marche du bateau. Et c'est pour
cela qu'un navire ainsi réparé n'avancera qu'à une allure extrêmement réduite, gagnant comme il le pourra le port où il trouvera des
installations de réparation définitive. Quand la voie d'eau est très
modeste, on peut essayer de lutter .contre l'envahissement, en
mettant en marche les pompes d'épuisement que possède tout
navire; leur commande est facile à l'heure actuelle, il n'est plus
nécessaire de les actionner péniblement à bras, comme dans les
anciens bateaux; elles sont mises en mouvement par des engins
à vapeur spéciaux. Néanmoins, quand la voie d'eau est large, toute
la puissance des pompes ne suffirait pas à « affranchir » le navire,
à enlever dans un temps donné plus d'eau qu'il n'en entre, D'ailleurs,

quand on a fait une opération de fortune, il est souvent dangereux
d'essayer d'épuiser l'eau qui se trouve dans le compartiment ou les
compartiments envahis; cette eau, dans l'intérieur de la coque, est
comme une sorte de matelas qui soutient le bouchon obturant la
voie d'eau contre la pression extérieure de la mer.

La réparation du navire consiste parfois à lui remettre une hélice.
Si bizarre que cela puisse paraître, quelquefois l'hélice ou une des
hélices se détachera à l'extrémité du gros arbre qui la porte extérieurement, et qu'on appelle arbre de couche; ou bien, après avoir
rencontré un corps flottant quelconque, elle se sera brisée une aile;
et il faudra la remplacer également. Qu'on ne se figure pas que
c'est une opération commode : on y réussit parfois en déjaugeant
le navire, en le chargeant lourdement sur l'avant, pour faire
émerger l'arrière; on descend alors des hommes à l'arrière, suspendus à des cordages, à des échelles, à des échafaudages volants;
le bout de l'arbre de couche est sorti de l'eau; on peut enlever ce
qui reste de l'hélice, et en placer une nouvelle, qu'on a toujours en
réserve à bord. Les navires modernes, toujours dotés d'au moins
deux hélices, peuvent naviguer même après en avoir perdu une, en
réduisant leur vitesse.

Pour les navires qui se sont échoués, ou même qui ont fait
naufrage, qui ont coulé dans le voisinage des côtes et à faible
profondeur d'eau, on doit ne plus recourir aux moyens du bord,
mais faire appel à des spécialistes, à des compagnies dites de
sauvetage, mais simplement de sauvetage des navires, et non point
des passagers. Ces entreprises possèdent un matériel tout à fait
remarquable, des connaissances très profondes de ce métier si
particulier; il existe de ces compagnies un peu partout, mais
spécialement en Danemark; en Angleterre également, où la
navigation joue un si grand rôle, on trouve de ces compagnies
comme celle de Liverpool, qui est bien connue dans le monde
entier, et dont les bateaux et le matériel sont demandés par télé-
gramme dès qu'un échouement, un naufrage se produit dans les
conditions que nous disions. Pour qu'on les demande, il est
essentiel que les conditions permettent d'espérer qu'on pourra
ramener le navire à flot après aveuglement des voies d'eau qu'il
a subies, épuisement de l'eau qui a envahi sa coque; ou qu'on
pourra, après l'avoir allégé et réparé suffisamment, le dégager des
rochers qui le maintiennent prisonnier. Une seule des sociétés
spéciales qui existent dans le but de venir au secours des navires
blessés, comme on a dit, a fait, dans le cours d'une année, jusqu'à
450 opérations, dont la plupart ont bien réussi. Généralement, on
passe avec elles un contrat de sauvetage, en vertu duquel, si elles
ne sauvent pas le bateau, on ne leur paiera rien du tout. Un navire
de sauvetage appelé pour une opération emmènera à son bord, non

pas seulement une équipe d'ingénieurs, de scaphandriers, de mécaniciens, mais encore tout un matériel assez compliqué. Ce sont aussi bien des câbles, des poutres, des matelas pour aveugler les voies d'eau, que des pompes puissantes pouvant vider très rapidement toutes les cales d'un navire: des grappins pour accrocher les marchandises sous l'eau : le plus souvent, on a intérêt à mettre au sec le plus vite possible ces marchandises. D'ailleurs, fréquemment, sous l'influence de l'humidité, elles se gonflent et menacent de faire éclater les parois mêmes du navire, là où il n'a pas subi d'avaries.

Il y a mille et un procédés pour renflouer un navire coulé, échoué sur des roches, éventré sur un récif où il a touché. D'abord, il faut presque toujours se rendre compte de la position, de la gravité des avaries. C'est dans ce but qu'on fait descendre sous l'eau, dans les cales, ou autour de la coque même, des scaphandriers emportant avec eux des lampes électriques absolument étanches, reliées par un fil conducteur à la station génératrice d'électricité qui est à bord du bateau sauveteur. Ces scaphandriers sont en communication téléphonique avec le pont du navire de sauvetage. C'est cette exploration préalable qui va renseigner, indiquer le nombre et la dimension des avaries, des déchirures, la disposition même du bateau sur les roches qui menacent de le retenir, etc. Souvent, à la suite de cette exploration, on fera descendre des scaphandriers charpentiers qui, munis des outils classiques du charpentier, viendront calfater l'ouverture ou les ouvertures, en accumulant les madriers, les bâches, les toiles, en faisant une opération analogue à celle que nous avons vue s'exécuter en mer avec les moyens du bord. Si les avaries ne sont pas trop nombreuses, une fois qu'elles auront été réparées comme l'indiquent certaines des photographies que nous mettons sous les yeux du lecteur, et si ces obturations sont bien solides, on pourra alors mettre en mouvement les pompes du bateau sauveteur; et très souvent ces pompes pourront aspirer à l'heure jusqu'à plus de 4000 mètres cubes d'eau. A mesure que l'épave se videra, elle reprendra partiellement sa flottabilité, elle se soulèvera, au moins entre deux eaux, et arrivera à se décoller du fond. On ne s'imagine pas la diversité des opérations qu'il faut exécuter pour remettre à flot un bateau échoué à la suite d'un accident; il se sera enfoncé dans le sable ou dans la vase, et il faudra sous sa coque, et sous l'eau même, lancer des jets d'eau puissants envoyés par les pompes du bord, qui deviennent alors des pompes de compression, de façon à chasser peu à peu la vase, le sable où le bateau s'était enlisé. On voit parfois le navire, entre deux marées, se trouvant à sec sur des sables relativement mobiles, fluides, s'enfoncer tellement, s'enliser si profondément, que tous les efforts sont ensuite inutiles pour le dégager. Il est comme aspiré par les sables, et il faut renoncer à son sauvetage.

Fréquemment, avant de commencer à vider l'eau qui envahit l'intérieur du bateau, on est obligé de soutenir les ponts par-dessous, au moyen de charpentes en bois qu'on dispose avec l'aide de scaphandriers. Souvent aussi, et pour de multiples raisons que nous ne pouvons pas indiquer, on se trouve beaucoup mieux, au

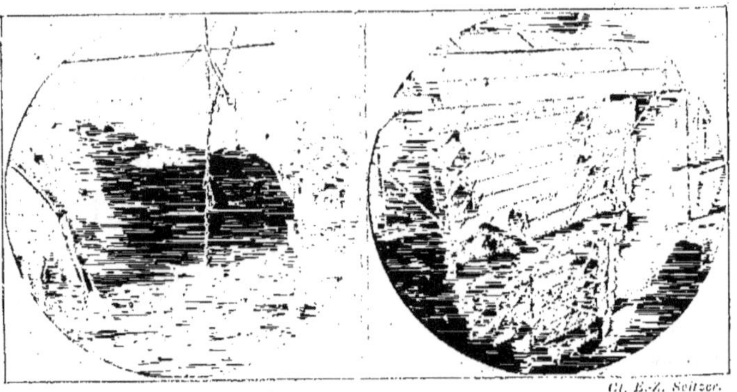

Cl. E.-L. Seitzer.

UNE VOIE D'EAU ET LA FAÇON DONT ON L'A OBSTRUÉE.

lieu de vider complètement le bateau, de le soulever partiellement hors de l'eau, ce qui permet ensuite d'effectuer une partie des opérations à l'air libre ; pour ce soulèvement, il faut exercer des efforts formidables. On amènera sur chaque côté du bateau par exemple de puissants navires de sauvetage, à bord desquels sont d'énormes treuils ; sur ces treuils on enroulera des chaînes qu'on aura accrochées sous le navire ; ou bien on lui fera comme une ceinture de futailles vides, qui formeront flotteurs. On peut aussi, au lieu d'aspirer l'eau qui est à l'intérieur, y chasser de l'air comprimé, après avoir bouché complètement toutes les ouvertures des ponts ; cet air comprimé, à l'intérieur de la coque, expulse l'eau à l'extérieur, vers la mer ; le bateau se trouve plein en très grande partie d'air, et, par suite, il flotte. L'ingéniosité des entreprises de sauvetage s'est curieusement développée au fur et à mesure que la technique s'est perfectionnée, et aussi que les besoins ont crû, sous l'influence des dimensions plus grandes des bateaux ; dimensions qui ont en fait modifié les pratiques de la navigation, les installations des ports, et bien d'autres choses.

De toute manière, il faut toujours que le bateau remis à flot, renfloué, réparé de façon provisoire, vienne dans un port où il trouvera les appareils de carénage, de radoub, les bassins ou docks de radoub, où il pourra être mis à sec ; on aura alors la possibilité de visiter sa coque, à l'extérieur tout comme à l'intérieur, de faire toutes les réparations nécessaires, d'enlever tout ce qui est mauvais; car on fait de véritables amputations à un bateau. On peut parfaitement lui couper l'avant ou l'arrière, ou le milieu, parce qu'il y a subi des avaries graves; c'est tellement vrai que l'on arrive, dans les opérations de sauvetage à la mer, à sauver la moitié seulement du bateau, en abandonnant l'avant ou l'arrière : dans ce but, on établira une solide cloison à l'extrémité de la partie que l'on pense pouvoir sauver; on aura donc une boîte étanche, boîte quelque peu informe ne rappelant guère l'apparence d'un véritable navire, qu'on ramènera au port, dans un bassin de radoub, pour refaire un avant ou un arrière, suivant le cas, à la portion qu'on a sauvée.

Le bassin de carénage ou de radoub n'est pas nécessaire seulement quand il y a eu avarie grave; les bateaux, surtout de métal, fer ou acier, se recouvrent assez facilement, pendant leurs voyages à la mer, d'une couche de végétaux marins, d'algues et aussi d'une foule de petits animaux marins qui se collent au métal; cette couche de végétaux et de coquillages ralentit beaucoup la marche du navire, la coque n'étant plus lisse; il est absolument essentiel qu'on la gratte, qu'on la remette à neuf, qu'on la peigne même, pour préserver le métal de l'attaque de l'eau de mer, de la rouille qui la rongerait. Ce travail s'effectue dans les établissements de carénage. Le principe de ces installations consiste toujours à mettre le navire à sec. Toutefois, dans les petits ports, et surtout pour les navires

APRÈS LE PANSEMENT.   COQUE ÉVENTRÉE PAR UN ROCHER.

de dimensions modestes, on conduira le bateau sur ce que l'on appelle un *gril*, gril de carénage, fait de poutres de bois disposées parallèlement les unes aux autres comme les tiges d'un gril de cuisine. Les poutres reposent sur une plate-forme en maçonnerie qui est couverte d'eau à marée haute; on amène le bateau au-dessus du gril, au moment de la pleine mer; puis, quand la mer baisse, il vient appuyer peu à peu sur les poutres du gril, qu'on appelle des *tins*. Durant toute la basse mer, le bateau est complètement à sec. C'est ce moment qu'on va choisir pour faire les réparations; mais ce mode de procédé n'est pas très perfectionné; d'abord le navire ainsi mis à sec n'est pas facilement soutenu, penchera volontiers sur le côté; et, s'il est de grandes dimensions, cela fatiguera sa coque et sa charpente; d'autre part, la durée d'une basse mer n'est pas longue; si l'on a des réparations sérieuses, si l'on a à ouvrir la coque du bateau par exemple, au moment où l'eau montera, elle envahira cette coque. De toute manière, il faut toujours abandonner le travail jusqu'à la marée basse suivante. Aussi a-t-on imaginé des appareils plus perfectionnés appelés bassins de radoub ou de carénage. Ce sont des sortes de bassins en maçonnerie, comme les bassins à flot, mais plus petits, devant répondre seulement aux dimensions du plus grand navire qu'on y veuille radouber. Le navire y entre par une porte spéciale; on ferme cette porte, qui isole complètement le bassin du reste du port; puis on met en mouvement des pompes qui aspirent toute l'eau du bassin. Bientôt le bateau se trouve à sec, tout comme sur le gril dont nous parlions, il va y demeurer, reposant sur des poutres transversales, des tins. Il restera à sec en dépit des variations de la marée à l'extérieur du bassin, tant qu'on voudra, tant qu'on ne laissera pas l'eau entrer par des ouvertures disposées dans ce but. Les réparations les plus longues peuvent donc se faire dans les meilleures conditions; le bateau, quoique se trouvant à sec, n'aura pas besoin d'être lancé avec les dispositions compliquées que nous avons expliquées pour les navires nouvellement construits : dès qu'il y aura assez d'eau dans le bassin, il flottera et il en sortira par la porte qui lui avait permis d'y entrer.

Naturellement, au fur et à mesure que les dimensions des bateaux ont augmenté, il a fallu donner aux docks de carénage des proportions elles-mêmes croissantes. A cet égard, la France est quelque peu en retard. Il n'y a guère que Brest qui possède à l'heure actuelle un dock de carénage de plus de 200 mètres de long. Mais il en faut de plus grands encore avec des bateaux comme l'*Imperator* ou l'*Aquitania*. C'est pour cela que, à Southampton par exemple, on a construit, dès 1905, un bassin de carénage de plus de 270 mètres de long. Aujourd'hui il faut leur donner près de 300 mètres. Pour caréner et mettre à sec les bateaux, on utilise aussi un appareil curieux qu'on nomme dock flottant. C'est une sorte de plate-forme constituée d'une énorme boîte partagée en compartiments, boîte métallique; cette plate-forme peut flotter à la surface de l'eau, ou au contraire s'enfoncer plus ou moins profondément; pour arriver à ce résultat, il suffit d'introduire de l'eau dans une partie des compartiments de la plate-forme. De chaque côté de celle-ci (qui présente une longueur et une largeur considérables, l'une et l'autre propor-

tionnées aux navires qu'elle servira à caréner) s'élèvent deux
murailles métalliques elle-mêmes, partagées en nombreux compartiments. Quand on a fait descendre le dock à une profondeur
suffisante, on peut parfaitement amener un navire flottant par-
dessus la plate-forme; si ensuite on épuise l'eau qui se trouve dans
les compartiments, cela a pour conséquence de faire remonter,
émerger la plate-forme; et on arrive aisément à mettre le bateau à
sec, tout comme s'il était dans un bassin isolé; il est appuyé de
côté et d'autre par des charpentes portant sur les murailles latérales.
Ces docks flottants ont le grand avantage d'être essentiellement
mobiles, de pouvoir se déplacer suivant les besoins, de passer d'un
port à un autre. C'est dans leurs murailles verticales que se trouve
toute la machinerie permettant d'épuiser l'eau que l'on aura introduite dans les compartiments pour lester le dock, et le faire
s'immerger. On est parvenu à donner à ces docks des puissances de
soulèvement et des dimensions fantastiques. On en fait de plus
de 200 mètres de long, qui soulèvent sans peine les plus gros navires
actuellement en service.

CHAPITRE XX

LES GRANDS PORTS DU MONDE

o o o

Les grands ports de mer ne sont pas une rareté dans le monde, et tous les pays qui ont des côtes maritimes en possèdent. Le port maritime, en effet, c'est le point de raccordement entre les voies maritimes et les voies terrestres, le point où marchandises et passagers abandonnent le navire pour le train; à moins cependant que ce ne soit l'inverse, qu'il s'agisse d'un départ, d'une expédition vers des pays au delà des mers. Néanmoins, il ne faut pas se figurer qu'il existe à la surface du globe beaucoup de grands ports comparables à ceux que nous citerons; dans un nombre considérable de ces établissements maritimes, comme on dit, on ne trouvera point les installations admirables qu'on rencontre dans des ports comme Londres, Rotterdam, Marseille, Le Havre, etc., etc. Quand on parcourt le monde, qu'on jette les yeux sur la carte et qu'on sait y reconnaître les villes où le mouvement maritime est important sans être formidable, on est véritablement étonné de la quantité de ports que l'on rencontre. C'est surtout en Europe que la liste en est

longue, parce que c'est surtout chez les peuples de civilisation
européenne que le commerce, les échanges, en même temps que
l'industrie, ont pris un grand développement, principalement depuis
le commencement du XIXᵉ siècle, et notamment depuis l'application
de la vapeur à la navigation maritime. Si nous commencions notre
voyage rapide par le nord, par la mer Baltique, nous aurions à
signaler les ports de la Russie, par exemple Helsingfors, Saint-
Pétersbourg, Riga, et, en remontant jusqu'à la mer Blanche, nous
trouverions Arkhangel où, dans le courant d'une année, se fait un
très gros mouvement de marchandises de toutes sortes. De l'autre
côté de la Baltique, la Suède ou la Norvège possèdent Trondhjem,
Bergen, Christiania, Gœteborg, Malmœ, Stockholm — que con-
naissent bien les armateurs et les marins de Grande-Bretagne — qui
sont des centres d'approvisionnement pour les pays auxquels ils
appartiennent ou des points d'expédition très importants des produits
que vendent ces pays. Sur la côte allemande, c'est Memel, Dantzig,
Stettin, Lubeck, Altona, Hambourg, dont l'importance est exceptionnelle et sur lequel nous reviendrons tout à l'heure; Brême, qui
ne lui cède que peu. Dans le petit pays du Danemark, il nous
faudrait bien citer Copenhague, où la navigation est particulièrement active. En abordant le littoral de la Hollande, dont le développement n'est pas considérable, mais où depuis déjà des siècles le
commerce maritime a pris une importance exceptionnelle, nous
nous trouverions en présence de ports remarquables par leur
étendue, par leurs aménagements, comme Amsterdam, Rotterdam,
que l'on compte parmi les plus grands ports du monde. La Belgique,

Cl. Wilson à Aberdeen.

LES DOCKS DE LONDRES.

également bien modeste pour le développement de ses côtes, et même de sa population, possède un établissement maritime, Anvers, qui fait une concurrence terrible à tous les autres grands ports; nous ne parlons pas d'Ostende, et pourtant chaque jour il en part des bateaux faisant le service de la Grande-Bretagne et transportant des milliers et des milliers de voyageurs dans le cours d'une année. Sur le littoral de la Grande-Bretagne, les ports sont innombrables et la plupart d'entre eux ont un mouvement très sérieux : si nous voulions faire un choix, il nous faudrait citer, non pas seulement Londres, Liverpool, Manchester (qui se trouve d'ailleurs sur un cours d'eau et à une certaine distance de la mer, comme Londres lui-même), mais encore Glasgow, Dublin, Cardiff, Douvres, Hull, Southampton. Sur la côte de France, nous voyons les navires fréquenter principalement Dunkerque, Boulogne, Calais, Le Havre, Saint-Nazaire, Nantes, La Rochelle et son port annexe de La Pallice, Bordeaux, Bayonne, et, après avoir doublé, comme on dit en langage maritime, la péninsule ibérique, nous trouvons Cette, Marseille, Toulon, sans parler des autres.

En Portugal ou en Espagne, voici Bilbao, Santander, la Corogne, Porto, Lisbonne, Cadix, Gibraltar, dont les Anglais ont fait un port d'échanges formidable, puis Carthagène, Barcelone. L'Italie peut s'enorgueillir de Gênes, Naples, Messine (qui a eu énormément d'importance et qui l'a perdue depuis le terrible tremblement de terre), de Brindisi, Venise. Plus loin, c'est Trieste et Fiume, deux grands ports autrichiens. En Grèce, nous trouverons le Pirée, le port d'Athènes, puis Salonique et Constantinople en Turquie. En pénétrant dans la mer Noire, des ports importants s'offrent à nous en très grand nombre, depuis Varna, Braïla, Galatz, Odessa, jusqu'à Batoum, Bakou, formant sur la mer Caspienne un véritable port de mer. Nous avons passé sous silence Malte, où les Anglais ont créé un immense entrepôt commercial, ainsi que les ports de nos colonies, Bône, Philippeville, Alger, Oran, Tunis. Nous ne dirons rien de Suez et de Port-Saïd, qui sont en réalité les portes d'entrée ou de sortie du fameux canal de Suez; mais on ne peut oublier le Cap et Maurice, dans le sud de l'Afrique, où commencent de se créer d'autres ports fort importants. Combien d'établissements maritimes n'aurions-nous pas encore à citer qui, sans doute, sont dans l'enfance si l'on compare leurs aménagements à ceux de nos grands ports européens, mais où néanmoins se fait un grand mouvement d'échanges, où il entre, d'où il sort un nombre considérable de bateaux chaque année. Ce serait aussi bien Smyrne ou Bassorah, en Asie Mineure, qu'Aden, Bombay, Colombo, Madras, Calcutta, Malacca, Singapour, Hong-Kong, où depuis soixante-dix ans environ la Grande-Bretagne a créé un des plus grands ports du monde en plein Extrême-Orient. Parmi les ports asiatiques, ne nous faudrait-il pas citer également Macao, Canton, Hanoï, Shanghaï, Nagasaki, Yokohama, Wladivostok. Même en Australie, pays bien jeune, il y a des ports extrêmement importants, comme ceux de Perth, Adélaïde, Melbourne, Sidney, Brisbane; et en passant sous silence tous les ports d'importance secondaire, dans le vaste continent américain, nous pourrions aussi bien nous arrêter à Québec ou à Montréal, au Canada, qui sont bien réellement des ports de mer, qu'à Boston, à New-York, à Baltimore, à Charleston, à la Nouvelle-Orléans. La liste est déjà longue, et pourtant elle est fort incomplète : car nous oublions aussi bien La Havane, dans l'île de Cuba, que La Vera-Cruz, Colon, Para, Pernambouc, Bahia, Rio de Janeiro, Montevideo, Buenos-Aires; puis, de l'autre côté du cap Horn, Valparaiso, Le Callao, Guyaquil, San-Francisco, Victoria.

Il s'en faut de beaucoup que ces ports soient d'importance égale; il en est un certain nombre qui tiennent la tête par le poids des marchandises qui y sont embarquées ou débarquées, d'autres par la valeur même de ces marchandises et le chiffre des affaires qui se font dans le port, ou par ce que l'on appelle le tonnage de jauge des navires qui entrent ou qui sortent. Nous avons expliqué ce que c'est que ce tonnage; ce n'est point le poids même du bateau, le volume de l'eau qu'il déplace, mais bien son cube intérieur; il se mesure en tonneaux de jauge, chaque tonneau correspondant à 2,83 mètres cubes. A s'en référer à ces éléments d'appréciation, on peut dire que les grands ports du monde sont Londres, Liverpool, Hambourg, Anvers, Rotterdam, New-York, Hong-Kong, Marseille, Shanghaï, Calcutta, Bombay, Gênes, Singapour. Ce n'est pas là une classification absolue : tout simplement parce que certains ports l'emportent sur d'autres par le tonnage, le poids des marchandises qui arrivent ou qui partent; mais ces mêmes ports où le poids des marchandises est relativement inférieur présentent un chiffre d'affaires en francs sensiblement supérieur.

Qu'on nous pardonne de donner quelques chiffres, mais seuls ils peuvent faire comprendre l'importance de ce mouvement des navires dans un port, du poids énorme des marchandises qui entrent ou qui sortent. Dans un port comme Londres, il entre, dans le courant d'une année, un nombre de navires formidable représentant à peu près 20 millions de tonneaux de jauge (20 millions $\times$ 2,83 mètres cubes). Pour Liverpool, le chiffre correspondant est d'à peu près 15 millions de tonneaux; il est seulement de 13 millions et demi à Anvers. Nous disons seulement de façon relative, mais il va de soi que c'est encore un chiffre extraordinairement élevé; cela suppose un mouvement maritime et commercial énorme. A Hambourg, le total correspondant est légèrement inférieur; il dépasse 11 millions de tonneaux à Rotterdam; à Marseille il n'atteint pas tout à fait 10 millions de tonneaux, et à Gênes il est seulement de 7 millions et demi. Suivant la nature du commerce qui se fait dans le port, les relations qu'il entretient avec les pays étrangers, les bateaux qui le fréquentent sont plus ou moins gros, ont un tonnage individuel plus ou moins élevé; si bien que le nombre des navires qui entrent dans tel ou tel port peut être proportionnellement beaucoup plus faible que celui des navires fréquentant un autre port, dont le tonnage total sera pourtant plus modeste. A Anvers, par exemple, il entre, dans une année, près de 7 000 navires; à Hambourg, qui est fréquenté par beaucoup de petits bateaux remontant le cours de

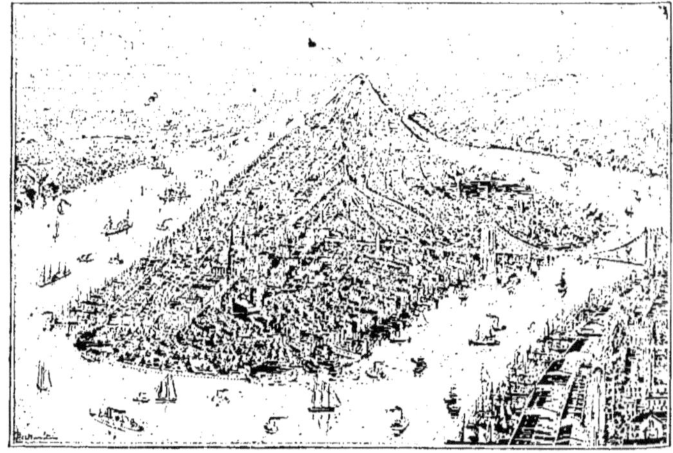

NEW-YORK A VOL D'OISEAU.

l'Elbe, il faut compter au moins 17 000 navires pour un tonnage à peu près analogue.

Bien entendu, l'aspect des ports diffère, et suivant la navigation, les types de bateaux qui les fréquentent, suivant les marchandises principales qui arrivent et qui partent, et aussi d'après la situation même du port. A Londres, nous nous trouvons en face d'un port prodigieux, monstrueux, qui commence presque dans le cœur de la ville, en aval du pont de Londres, comme on l'appelle, et qui s'étend dans tout l'estuaire de la Tamise. Sur une bonne partie de cette longueur, les rives du fleuve forment un quai presque continu; de toute part on y a creusé des docks, des bassins fermés entourés d'entrepôts, de magasins. Ils sont formidables et constituent de véritables villes où l'on pourrait se perdre, et où s'entreposent les productions du monde entier. On est d'ailleurs en train de les modifier à l'heure actuelle, d'augmenter la profondeur d'eau, et dans les bassins et dans la Tamise même, pour permettre aux plus grands

LES QUAIS DE ROTTERDAM.

navires de remonter jusqu'à Londres. Pour Liverpool, quand on
pénètre dans la rivière Mersey, à l'embouchure de laquelle se trouve
le port, on voit s'étendre sur la gauche des bassins innombrables et
immenses; c'est sur des kilomètres du cours de la Mersey que ces
bassins s'allongent. A Hambourg, qui est aussi un port fluvial, mais
qui se trouve plus haut sur le cours du fleuve que Liverpool, les
divers et multiples bassins du port sont constitués par des échan-
crures profondes s'ouvrant directement sur le fleuve. Anvers est
aussi intéressant; le port y est formé par un élargissement du fleuve
et par des bassins peu à peu multipliés sur sa rive droite; on est

Cl. Lévy.

UN COIN DU PORT D'HAMBOURG.

en train d'y faire les modifications les plus grandioses pour ajouter
encore au nombre de ces bassins, leur donner plus de profondeur,
et raccourcir le trajet qui sépare Anvers de la mer.

Comme nous le disions, il se produit une très grande diversité
dans l'aspect des ports, par suite même du commerce principal qui
s'y fait. A côté des ports de pêche, qui ne sont jamais que des ports
secondaires, de peu de développement, et modestes comme profondeur de bassins, etc., il y aura par exemple les ports charbonniers
si nombreux en Grande-Bretagne; ports où l'on emploie les appareils
les plus perfectionnés pour jeter dans les flancs des navires des wagons
entiers de houille. Il y a les ports à fruits, comme était Messine; des
ports à coton comme Galveston, dans le sud des États-Unis, ou la
Nouvelle-Orléans : il en part constamment des navires chargés de
centaines et de milliers de balles de coton. Il y a également les ports
à thé, les ports à blé : c'est le cas notamment de Buenos-Aires, qui
expédie aussi des viandes frigorifiées. Odessa est également un port
à blé. Il y a des ports d'émigrants, comme Naples, comme Le Havre,
d'où partent continuellement des centaines et des centaines d'Européens pauvres qui vont chercher une situation à l'étranger. Il y a
des ports à café, des ports à caoutchouc : Le Havre par exemple est
un des grands ports à café du monde. Il y a des ports où toutes les
marchandises les plus diverses affluent, c'est le cas de l'immense
port de Londres. Quels que soient d'ailleurs les aménagements des
grands ports modernes, ils demandent à être modifiés constamment.
Actuellement, à New-York, on creuse un nouveau chenal de
12 mètres de profondeur; au Brésil, on modifie complètement les
ports existants; de même à Montevideo. En Allemagne, on améliore
Hambourg, Brême; en Hollande, Rotterdam et Amsterdam; en
Belgique, on dépense sans compter les millions pour Anvers; en
France, nos efforts sont plus lents.

Cl. M. Lezer.

LE QUAI DE LA JOLIETTE A MARSEILLE.

CHAPITRE XXI

LE LITTORAL FRANÇAIS ET SES PORTS

o . o . o

On a répété bien souvent, et en réalité avec raison, que la France est véritablement dotée de façon exceptionnelle au point de vue maritime; que son littoral est particulièrement développé, qu'il présente une très grande variété et aussi un nombre considérable d'abris naturels, assez faciles à transformer en ports formant comme autant de portes de sortie pour les produits de l'industrie de notre pays, de son agriculture, et des portes d'entrée pour les produits innombrables que nous devons demander à l'étranger, parce qu'il les fabrique mieux que nous. Le fait est que les ports sont extraordinairement multipliés sur le littoral français, soit de la Manche, soit de l'océan Atlantique, soit de la Méditerranée; on pourrait presque dire qu'ils sont trop multipliés. Souvent ils se présentent sous l'aspect de tout petits établissements maritimes, où il ne peut entrer que de bien petits bateaux; comme chacun s'intéresse plutôt à ce qui le touche immédiatement qu'aux intérêts généraux

du pays, on a dépensé un peu sans compter dans tous ces petits
ports; et on a souvent oublié qu'il vaudrait beaucoup mieux, surtout
avec les habitudes de la navigation maritime moderne, n'avoir pour
tout le pays qu'un nombre relativement restreint de très grands
ports merveilleusement aménagés offrant des profondeurs exceptionnelles, afin de recevoir les bateaux énormes qui naviguent
couramment aujourd'hui. A part Marseille, qui est comparable aux
plus grands ports du monde, les ports français, même le Havre, à
plus forte raison Bordeaux ou Rouen, Cherbourg, Boulogne, Saint-
Nazaire, Nantes, La Rochelle, ne présentent qu'un mouvement de
marchandises relativement bien restreint, si on le compare à celui
que nous avons vu se faire dans ces immenses établissements maritimes que sont Londres, Anvers, Rotterdam, Hambourg, etc. Au
Havre, le tonnage de tous les bateaux entrés dans le cours d'une
année ne représente pas 5 millions de ces tonneaux de jauge dont
nous avons parlé; alors que le même mouvement, pour Londres,
approche de 20 millions, et qu'il est à peu près triple à Anvers. A
Bordeaux, qui a pourtant une réputation légitime de grand port, le
chiffre correspondant n'est pas de 3 millions de tonneaux; à Cherbourg, il approche de 4 millions, parce qu'il y a toute une série de
transatlantiques étrangers, notamment allemands, qui viennent faire
escale, prendre les passagers qui, de toutes les parties de l'Europe,
sont venus par chemin de fer pour s'embarquer au dernier moment,
et éviter autant qu'ils le peuvent les fatigues et les ennuis de la
navigation.

Certainement, nous avons dépensé de grosses sommes pour nos
ports maritimes. En moins de vingt années, par exemple, depuis
le commencement de 1879, nous avons consacré près de 900 millions de francs aux transformations, aux améliorations de ces
ports. Malheureusement, chacun a voulu avoir, pour son petit port
local, une partie de ces dépenses; et, comme conséquence inévi-
table, il en est résulté qu'un grand port comme Le Havre ne possède pas un bassin de carénage de proportions suffisantes pour
réparer les plus grands navires qui fréquentent le port; d'ailleurs ce
port du Havre est réellement au-dessous des besoins de la navigation maritime, puisque ce sont les dimensions relativement faibles
de ses ouvrages, de ses écluses, la profondeur d'eau trop minime
que l'on trouve dans son chenal ou dans ses bassins, qui ont obligé
la Compagnie Générale Transatlantique à ne construire que des
bateaux relativement modestes de proportions, comme la *France*.
C'est sans doute un bateau admirable, pour ses aménagements,
son luxe, son confort, sa rapidité; mais il paraît bien petit, quand
on le compare aux géants dont les Allemands et les Anglais ont
récemment augmenté leur flotte, parce qu'ils ont des ports pour
les recevoir.

Quoi qu'il en soit, une visite même rapide dans les ports les plus importants de notre littoral français est intéressante à bien des égards : elle nous fait comprendre, encore mieux que nous n'avons pu l'expliquer, le rôle primordial de ces portes ouvertes sur les voies de communication maritime, de ces sortes de gares qui reçoivent les marchandises et les passagers et les expédient. C'est une occasion de jeter un coup d'œil sur l'activité de ces ports, de montrer les marchandises innombrables qui pénètrent par certains d'entre eux,

Cl. Neurdein.

LE HAVRE : L'ENTRÉE DU PORT.

pour se distribuer à l'intérieur du pays; de montrer également que tel ou tel d'entre eux est comme une puissante station d'échanges, où les voyageurs, si fiévreusement débarqués du train, s'embarquent non moins fiévreusement sur le paquebot qui les portera tantôt de l'autre côté d'un bras de mer assez étroit, tantôt sur l'autre littoral de l'immense océan.

Si nous suivons le littoral, du nord au sud, voici d'abord Dunkerque, centre d'une région particulièrement active au point de vue industriel et agricole, et qui n'a été longtemps qu'un bourg de pêcheurs et un nid de corsaires. Du reste, même encore dans la première moitié du XIXᵉ siècle, il n'avait qu'un trafic tout à fait primitif : grâce au développement de la grande industrie, de la grande culture, à la construction de lignes de chemin de fer qui sont venues aboutir à ce point de la côte, il a pris depuis lors une prospérité remarquable. Il ne faut pas espérer y trouver des bassins ou même un chenal de 10 ou 11 mètres de tirant d'eau; mais les transatlantiques réclamant cette profondeur ne fréquentent pas

Dunkerque. Que l'on songe pourtant que ce port, qui n'est que secondaire en somme, n'en possède pas moins 8 kilomètres de quais, des bassins soit à flot, soit à marée, qui représentent une surface de plus de 43 hectares. De tous côtés on y aperçoit des grues hydrauliques, électriques, flottantes, des hangars énormes et multiples où s'accumulent des quantités formidables de laine venant de l'Australie ou de l'Argentine. Sur les quais, le long de ces magasins, sont disposés quelque 65 kilomètres de voies ferrées. Voilà des chiffres qui montrent bien ce que nous disions en parlant de l'aménagement des ports : la nécessité où l'on est de multiplier les moyens de transport et de soulèvement des cargaisons. Une des curiosités du port de Dunkerque, ce sont notamment ces grands voiliers que l'on continue encore de faire circuler entre la France et l'Amérique du Sud : voiliers si remarquables pour leur construction, leur élégance, mais qui sont notablement inférieurs aux vapeurs. Dunkerque est intéressant pour la variété des produits qui y arrivent, aussi bien les fruits du Midi, le sel marin du Portugal, que les laines, les blés, les avoines, mais surtout la houille, venant d'Angleterre; puis ce qu'on appelle les tourteaux de graines oléagineuses dont on a extrait l'huile et enfin un engrais, le nitrate de soude, venant du Chili. Il arrive aussi des quantités considérables de chanvre, de jute destinées aux filatures de la région. Dunkerque est en outre un grand port de pêche, et il y entre à la saison, des quantités énormes de morues salées. Il s'y embarque à destination de l'étranger et quelquefois de la France, de la chicorée, produite de façon intense dans la région, de la houille provenant du sol des Flandres, des articles de construction métallique, des draps. Les embarquements et débarquements de marchandises sont tellement considérables dans ce port, qu'il s'y trouve de façon constante à peu près 4 000 débardeurs employés à la manutention des marchandises; car on n'emploie pas, comme on le devrait certainement, les machines perfectionnées.

Si nous voulions nous rendre compte des différences qui peuvent se présenter entre des ports de mer, nous n'aurions qu'à aller à Gravelines, tout petit port de pêche, différent à tous égards de son voisin Dunkerque. Nous y verrions l'homme ne demandant à la mer que les produits naturels qu'elle est susceptible de fournir, se rendant par exemple en Islande pour pêcher la morue et rapportant le poisson salé, en même temps que l'huile médicinale extraite du foie du poisson, et la rogue qui sert à la pêche de la sardine sur d'autres points des côtes de France. Ce serait là un véritable enseignement rapide d'une partie des richesses que nous empruntons à la mer.

A Calais, et même à Boulogne, c'est tout autre chose : sans doute Boulogne, comme nous l'avons dit, est un énorme port de pêche où le commerce du poisson tient une place de premier ordre. Mais Boulogne et Calais sont essentiellement des ports à passagers : dans le courant d'une année, on voit passer par Boulogne et ses quais, ses appontements d'embarquement ou de débarquement, plus de 470 000 personnes ; Calais en compte environ 370 000 ; il va sans dire qu'une bonne partie de ce mouvement est fait des Anglais qui retournent chez eux ou passent sur le continent, des individus de nationalités diverses qui s'en vont sur Londres et les Iles Britanniques. Une visite dans ces deux ports est particulièrement curieuse à cause de ces passagers, et parce qu'on a la possibilité d'y voir et d'y admirer des bateaux de taille relativement modeste, mais de vitesse accélérée, commandés par des turbines à vapeur, et qui traversent ce que nous appelons le Pas de Calais, ce que les Anglais appellent le Canal ou Channel.

Il se fait également à Boulogne, et surtout à Calais, un important trafic de marchandises diverses : aussi bien les bois du Danemark et de la Suède ou encore de la Norvège que les pétroles venant de Russie, les produits métalliques de Grande-Bretagne ; il en part les tissus, les fils, les sucres, les produits chimiques qu'expédie l'industrie du nord de la France.

En suivant la côte de Calais jusqu'au Havre, nous aurions, à bien des reprises, l'occasion de visiter des ports divers par leur commerce, par leur trafic, leur importance, les bateaux qui les fréquentent ; les uns sont de tout petits ports, ports de pêche uniquement ; les autres, comme Dieppe, donnent lieu à un trafic de voyageurs énorme, sans doute très inférieur à celui de Calais ou de Boulogne, mais représentant plus de 210 000 personnes chaque année. Si nous nous arrêtions à Fécamp, ici aussi nous trouverions trace de l'industrie de la pêche à la morue, de la préparation de ce poisson, dont d'ailleurs la consommation diminue considérablement sous la forme de poissons séchés, parce que le développement des chemins de fer à l'intérieur des continents, l'emploi des bateaux à vapeur pour la pêche, l'utilisation des installations frigorifiques permettant de conserver le poisson frais à bord des bateaux avant qu'il atteigne le port de débarquement, tout cela donne la possibilité de consommer en très grande quantité le poisson non séché dont le goût et la digestibilité sont bien supérieurs. Nous verrions pourtant à Fécamp une industrie dont la production ne diminue pas, celle du saurissage des harengs. Le hareng saur, par le goût qu'il prend grâce à sa préparation, à la fumaison qu'on lui fait subir, est toujours l'objet d'une consommation extraordinaire ; il se vend très bon marché, il est à la disposition des bourses les plus modestes, et il fournit, comme beaucoup des produits de la mer, un aliment excellent.

Mais passons vite, et gagnons le port du Havre, qui a été seulement créé par François Iᵉʳ, il n'y a pas en somme très longtemps, et

qui a pris depuis lors un développement énorme. A maintes reprises,
le port du Havre a fait l'objet de grands travaux ; réfection de quais
et de bassins, ouverture de bassins et d'écluses là où il n'existait
encore rien, établissement du canal de Tancarville, qui a pour but
de relier facilement la Seine et le port du Havre. Actuellement,
celui-ci possède une surface de plus de 80 hectares de bassins ; sur
les terre-pleins où se trouvent les magasins et que bordent des quais
de ces bassins, on a établi une quarantaine de kilomètres de voies
ferrées, desservant les entrepôts et les quais. Ces quais représentent
plus de 12 kilomètres de développement. Mais tout cela n'était pas
assez, et il a fallu agrandir, améliorer encore. On s'est mis à établir
un nouvel avant-port que l'on a réellement conquis sur la mer,
l'homme remportant une nouvelle victoire sur elle. La création de
cet avant-port a pour but de faciliter l'entrée des navires, de leur
ménager un endroit où ils puissent, complètement à l'abri du mauvais temps, attendre la possibilité de pénétrer dans le port même ; on
a voulu créer aussi ce qu'on appelle un quai de marée en eau
profonde, permettant aux grands bateaux, notamment aux transatlantiques, de trouver toujours de l'eau en tout état de mer, de
venir s'amarrer à n'importe quelle heure, de partir également dès
que leur plein de cargaison est fait, dès que les passagers sont
embarqués, que l'heure du départ a sonné. Il a fallu donner au quai
de marée une longueur de 500 mètres, avec une profondeur d'eau à son
pied de 9 mètres, en égard aux dimensions des bateaux que construit
maintenant la Compagnie Générale Transatlantique. De même, on
a établi une grande écluse permettant à ces bateaux de pénétrer
dans les bassins à flot. Et comme le progrès continue de se faire,
que, même à cet égard, la France est en retard sur beaucoup de pays
étrangers, on a décidé, il y a seulement quelques années, de consacrer 90 millions de francs à l'établissement d'un nouveau port parallèlement à l'ancien, et dont on conquerra la place sur la mer même,
dans l'estuaire du fleuve. On dotera ce nouveau port d'un avant-
port qui s'ouvrira dans celui dont nous parlions à l'instant ; le port
proprement dit sera constitué par un bassin de marée de 1 700 mètres
de long, où les navires trouveront une profondeur d'eau de
12 mètres ; on complètera l'installation par un de ces appareils que
nous avons indiqué comme absolument essentiels dans les grands
ports, une forme, un bassin de radoub de 300 mètres de long.
Combien ne serait-il pas intéressant de parcourir les quais du Havre,
d'y apercevoir les énormes et multiples magasins pouvant contenir,
dans leur ensemble, plus de 400 000 tonnes de marchandises,
renfermant des masses de café qui attendent d'être consommées,
des montagnes de coton, du pétrole et le reste.

Mais ne négligez pas, quand vous le pourrez, de faire un voyage
spécial dans le but d'aller voir les autres ports de notre littoral ;

tantôt les petits ports que l'on trouve entre Le Havre et Cherbourg ou
entre Cherbourg et Brest, où il se fait des commerces très variés ;
tantôt les ports imposants par leurs installations. Visitez notamment
Cherbourg, à l'abri derrière son immense digue, qui nous montre
bien les travaux de défense qu'il faut faire contre la mer, pour créer
un port et donner un abri aux vaisseaux. Vous y verrez entrer, dans
l'année, 500 à 600 grands paquebots qui s'arrêtent seulement
quelques heures, pour laisser ou prendre des passagers. En suivant

UN BASSIN A SAINT-NAZAIRE.

le littoral breton, vous prendrez sur le vif les mille et une industries
locales auxquelles la mer donne naissance, qu'elle alimente ; vous
assisterez à la cueillette des goémons aussi bien qu'à la pêche des
langoustes et des homards, expédiés de tous côtés aux gourmands
qui les aiment. Dans ces mers si dangereuses, vous apercevrez
quelques-uns de ces phares dont nous avons parlé, jetés audacieuse-
ment comme des signaux protecteurs au-devant des navires venant
du large. Vous arriverez à Brest, à sa rade curieuse ; et, en dehors
du port militaire dont nous ne pouvons rien dire ici, vous constaterez
l'existence d'un grand port marchand dont on désire faire la tête de
ligne des bateaux transatlantiques, pour lesquels on a créé une
immense cale de radoub. En continuant le long du littoral, vous
apercevrez des ports de pêche importants pour les sardines, les thons
qu'on y apporte constamment de la haute mer, et qui sont transformés en conserves. Vous arriverez bientôt devant Saint-Nazaire, à
l'embouchure de la Loire ; et si vous remontez celle-ci, vous parvien-

drez à Nantes, dont le mouvement maritime et l'activité ont progressé de façon curieuse depuis quarante ans. Nantes, en particulier, continue de se livrer à une industrie qui remonte chez elle bien loin, l'industrie du raffinage du sucre de canne venant des colonies; de multiples bateaux lui apportent constamment ce sucre à l'état brut. Saint-Nazaire, lui, est la tête de ligne de beaucoup de services transatlantiques, et l'activité du port est doublée par celle d'un immense chantier de construction, les chantiers de Penhoët, où vous pourriez suivre sur le vif ce que nous avons dit de la naissance du bateau, de sa construction, de sa mise à l'eau, de l'outillage absolument complexe indispensable pour le mener à bien.

En descendant toujours, nous apercevrions tantôt de petits ports de pêche, tantôt de modestes établissements d'où partent les sels récoltés dans les marais salants; puis un port historiquement célèbre comme celui de La Rochelle, doublé aujourd'hui par un second port dont l'accès est plus facile, où l'on a essayé de créer de toutes pièces un grand établissement maritime doté de tous les aménagements modernes. Plus loin, c'est l'embouchure de ce que les marins appellent la rivière de Bordeaux, et le port du même nom, qu'on atteint assez difficilement, la rivière ne présentant pas une profondeur suffisante. Le port n'en offre pas moins des dimensions considérables et un aspect pittoresque; il est séparé en deux par le Pont de pierre; en amont du pont est le port de navigation intérieure, qui s'étend sur une longueur de 2 kilomètres; en dessous, en aval, c'est le port maritime, de 6 kilomètres et demi de long, dont la largeur est de 400 à 600 mètres. On a du reste l'intention, avant peu, d'améliorer la remontée de la Gironde, d'agrandir le port lui-même.

Nos établissements maritimes ne sont pas nombreux, entre l'embouchure de la Gironde et la fontière espagnole. A part Bayonne, la côte est particulièrement difficile, et elle a été jadis le lieu de bien des naufrages. Si nous passons en Méditerranée, après avoir doublé l'Espagne, nous tomberons dans la mer qui jadis a été le centre des échanges maritimes, où autrefois d'immenses flottes commerciales naviguaient; immenses, bien entendu, pour l'époque, ces flottes n'étant guère constituées que de navires qui sembleraient presque des jouets aujourd'hui. C'est sur cette mer intérieure que nous trouverons le plus grand des ports français, un des plus grands ports du monde, Marseille, qui, au point de vue pittoresque, comme au point de vue des échanges, de la diversité des marchandises, des produits qui se déposent sur ses quais, de la variété des populations qui fréquentent la ville, mérite à coup sûr une visite autant que n'importe lequel des ports du monde. Ce Marseille, c'est le plus ancien des ports français; jadis les Phéniciens, ces navigateurs et commerçants des siècles passés, fréquentaient Marseille, et les Grecs qui succédèrent aux Phéniciens dans la suprématie de la mer Méditerranée et du commerce du monde, vinrent fonder une importante colonie à Marseille. La superficie du port actuel n'est pas de moins de 230 hectares; que nos lecteurs n'oublient pas d'ailleurs que la Méditerranée est une mer sans marée, et qu'il n'y a pas besoin ici de bassins à flot comme dans les ports de l'Atlantique. C'est à Marseille mieux peut-être que partout ailleurs qu'on peut jeter un regard en arrière, se rappeler les débuts de la navigation primitive, mesurer les progrès qu'elle a faits; comparer par la pensée les petits bateaux non pontés des commerçants phéniciens, et les immenses vapeurs qui franchissent les mers aujourd'hui à toute vitesse, assurant à leur équipage, aux passagers qu'ils portent, aux marchandises qu'ils véhiculent, une sécurité presque absolue en même temps que la rapidité et le bon marché.

CHAPITRE XXII

LA TÉLÉGRAPHIE A TRAVERS LES MERS LES CÂBLES SOUS-MARINS

o   o   o

Nous aurons l'occasion de montrer tout à l'heure les services précieux que rend la télégraphie par les ondes hertziennes; mais cela ne veut pas dire que les câbles sous-marins perdent de leur importance; cette télégraphie sans fil a d'ailleurs à remplir, même en matière de câbles sous-marins, un rôle spécial pour le navire de pose qui a déroulé son câble entièrement, alors complètement immergé. Ce navire de pose communique avec la terre par radio-télégraphie; ces communications donnent la faculté d'avertir le capi-taine du bateau poseur du câble que celui-ci ne fonctionne pas bien, ou au contraire fonctionne à merveille. On peut lui signaler, tandis qu'il est encore au large, une rupture, un dérangement dans un autre câble, ce qui facilite d'autant les opérations et les rend plus rapides.

Au point de vue général, on peut se féliciter que l'invention de la télégraphie sans fil ne soit pas venue brusquement rendre inutiles

les centaines et les milliers de câbles sous-marins qui ont été posés dans le monde entier. Le réseau télégraphique sous-marin actuel comprend à peu près 2550 câbles représentant ensemble une longueur de près de 500 000 kilomètres, presque la moitié du réseau ferré du monde. Ils sont du reste beaucoup plus multipliés dans l'océan Atlantique que dans l'océan Pacifique; on les trouve notamment en très grand nombre dans le nord de l'océan Atlantique, parce qu'il a fallu établir des relations télégraphiques suivies et faciles entre les États-Unis de l'Amérique du Nord et l'Europe, comme conséquence des relations commerciales intenses qui se font entre les deux contrées de la civilisation particulièrement avancée des États-Unis de l'Amérique du Nord. Ajoutons que ces câbles appartiennent les uns aux administrations d'État, la plupart à des compagnies privées; la France possède une de ces compagnies privées, la Compagnie des Câbles télégraphiques, qui ne compte guère que 20 000 kilomètres de câbles sous-marins; il existe au contraire une compagnie anglaise, que l'on appelle l'Eastern Telegraph Company, qui, à elle seule, possède ou exploite les trois quarts de tout le réseau télégraphique du monde.

Les câbles télégraphiques ont une histoire assez courte; il fallait d'abord, pour pouvoir les réaliser, que la télégraphie électrique par fils aériens fût inventée et mise au point; et c'est en 1842 seulement que Morse fit breveter son électro-aimant et que les transmissions électriques ont pu commencer de façon pratique. Il faut bien s'imaginer que la pose seule d'un câble télégraphique sous-marin est une opération particulièrement difficile. Il est essentiel que le câble même présente une résistance exceptionnelle, par suite des agents de destruction de toutes sortes auxquels il est exposé; il est nécessaire que les fils de cuivre qui forment les conducteurs du courant électrique à l'intérieur de ce câble soient complètement isolés de l'eau de mer et ne supportent pas d'efforts notables. Le fond de la mer n'est point une vallée régulière; nous avons, en commençant ce livre, essayé de donner quelque peu idée des montagnes, des récifs, des dépressions, des fosses qui se présentent de façon inopinée; ce sont autant d'obstacles aux câbles télégraphiques. Il est indispensable que ceux-ci reposent sur le fond et non pas qu'ils prennent appui seulement sur le sommet des montagnes véritables qui se trouvent dans la mer; s'ils étaient posés de la sorte, il y aurait beaucoup de chance pour qu'ils se rompent rapidement. C'est que le câble, au fond de la mer, même par une grande profondeur, est susceptible de frotter de façon presque continue sur les roches au contact desquelles il se trouve; et l'on a beau le doter d'une armature métallique, cette armature sera rapidement attaquée : les conducteurs électriques intérieurs ne seront plus intacts, le courant ne passera plus, il y aura une perte, comme disent les électriciens. Les

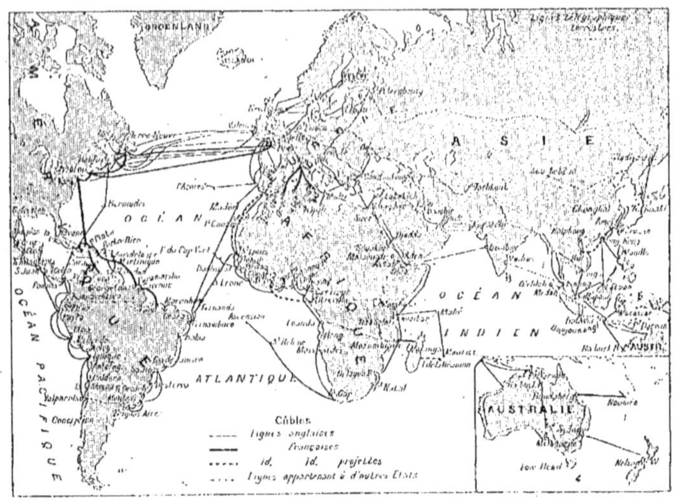

LE RÉSEAU TÉLÉGRAPHIQUE SOUS-MARIN.

signaux ne pourront plus être échangés entre les deux continents
que réunissait le câble.

C'est pour cela qu'avant de poser un câble sous-marin, il faut se
livrer à toute une étude du tracé que l'on pense suivre, procéder à
des sondages extrêmement nombreux pour reconnaître les profondeurs, se rendre compte des dénivellations brusques que peut rencontrer le tracé, savoir à peu près la nature du fond. Souvent on
estime plus utile et plus pratique de faire un très long détour, que
de poser le câble en ligne droite, parce que, sur le tracé rectiligne,
il rencontrerait des obstacles redoutables, des vallées abruptes, des
pitons, qui le maintiendraient suspendu à très haute distance au-

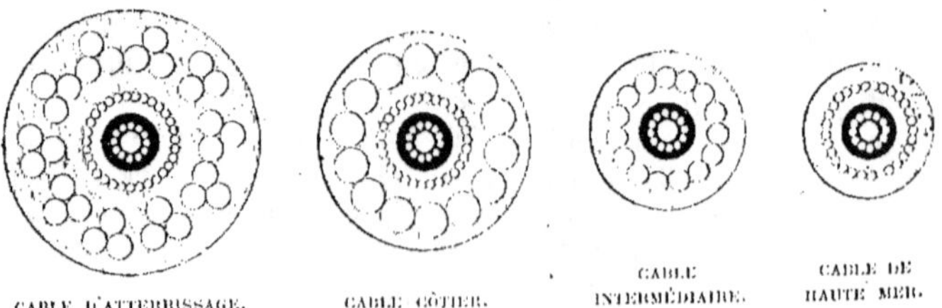

CABLE D'ATTERRISSAGE.   CABLE CÔTIER.   CABLE INTERMÉDIAIRE.   CABLE DE HAUTE MER.

dessus du fond, et qui causeraient inévitablement sa mise hors de
service rapide.

Quand on a fait la première tentative en matière de télégraphie

sous-marine, on a procédé, d'abord timidement, sur une petite
échelle, sur de petites distances. Et, en 1851, on a réussi à poser un
premier câble sous-marin entre Calais et Douvres, pour relier la
France et l'Angleterre, et aussi mettre en communication l'Angleterre avec tout le continent européen. Comme, dès cette époque, les
relations commerciales entre l'Europe et les États-Unis étaient déjà
très suivies, on songea immédiatement à la possibilité de créer un
câble analogue entre les États-Unis et l'Europe du Nord. On se ren-
dait d'ailleurs compte de la difficulté de l'entreprise : il fallait poser

UN DES BATEAUX DE LA FLOTTE TÉLÉGRAPHIQUE DU MONDE.

près de 4500 kilomètres d'un câble sous-marin continu, car il n'y
avait pas le moindre point d'escale possible ; et, en certains endroits,
le câble ainsi posé devait être descendu à plusieurs kilomètres de
profondeur, subir par conséquent la pression de la couche d'eau
énorme qui le recouvrirait. Dès que l'idée de relier l'Europe, ou tout
au moins l'Angleterre, avec les États-Unis, par un câble sous-marin,
commença de prendre corps, la marine anglaise et la marine américaine entamèrent des sondages sérieux, pour essayer de déterminer
le profil du fond suivant le tracé que l'on pensait devoir suivre. Ce
n'est pas tout. On était peu expérimenté au point de vue de la fabrication des câbles sous-marins, surtout de ceux qui devaient subir
les pressions auxquelles nous faisions allusion, et les efforts qui

s'exercent inévitablement quand on descend le câble dans l'eau, et qu'une partie est suspendue à celle qui demeure à bord du navire poseur de câbles. Il se fonda bientôt une compagnie spéciale appelée « The Atlantic Telegraphic Company », au capital de près de 9 millions de francs, qui prit à son service des ingénieurs particulièrement distingués, le fameux Cyrus Field, celui qui a été célébré par Jules Verne, et d'autres ingénieurs, Brett, Bright, qui se mirent à étudier tous les détails de l'opération que comptait entreprendre la compagnie.

On avait choisi comme point terminus extrême, sur la côte d'Irlande d'une part et sur la côte américaine de l'autre, Valentia et Trinity Bay; la distance exacte entre ces deux points est de 2 960 kilomètres environ. Mais il fallait compter avec les détours auxquels on serait obligé, et surtout avec ce qu'on appelle le mou, le câble étant forcé de descendre dans toutes les dénivellations du sol, ce qui augmente considérablement la longueur nécessaire entre les deux points extrêmes. On est arrivé à estimer qu'il faudrait 4 500 kilomètres de câble pour épouser les sinuosités du tracé sous-marin. Même à notre époque, ce chiffre demeure imposant. Il fallut inventer toute une série de procédés, de dispositifs, de machines, pour fabriquer le câble que l'on emploierait de la sorte à établir des communications entre le Vieux monde et le Nouveau. Une compagnie de Londres, la Gutta Percha Company, se chargea de fabriquer le câble en mettant à l'intérieur 7 fils de cuivre très forts dans des enveloppes en gutta-percha; par-dessus tout cela, on disposait une grosse toile passée au goudron, enduite de plus de cire, d'huile, et protégée enfin par une sorte de câble métallique extérieur formant une enveloppe particulièrement résistante. Les machines à fabriquer les câbles sous-marins que l'on emploie à l'heure actuelle sont fort analogues aux premières machines ainsi inventées. L'armature extérieure du câble des États-Unis comprenait 18 petits câbles métalliques formés chacun de 7 fils de fer très épais; on avait d'ailleurs compris que, dans la partie côtière, là où le câble se trouvait dans des fonds moins profonds, où il était par suite exposé davantage aux courants, en même temps qu'au contact des roches, aux ancres des navires, etc., il était absolument indispensable de le faire plus résistant. Et un dispositif protecteur plus lourd, plus épais, plus solide encore fut prévu sur une longueur de 10 milles marins à partir de la côte anglaise et de 15 milles marins à partir de la côte américaine. Détail caractéristique qui montre les difficultés et l'importance d'une pareille entreprise, surtout quand on n'avait pas encore d'expérience à ce sujet : la longueur totale des fils de cuivre et de fer employés pour la fabrication du câble sous-marin qu'on allait poser représentait 5 millions et demi de kilomètres.

On dut résoudre les problèmes de la fabrication même, étudier la

construction des navires qui seraient chargés de procéder à la pose.
La marine anglaise fournit dans ce but le bateau à vapeur *Aga-
memnon*, la flotte américaine une corvette, le *Niagara*; cette petite
flotte fut complétée de bateaux auxiliaires. La pose se faisait de
l'une et de l'autre rive de l'océan Atlantique, on devait se rencontrer
au milieu même de
cet océan. Le départ
eut lieu en juillet
1857. L'opération pré-
senta toutes sortes
de difficultés; on vit
le câble se rompre
souvent, en dépit de
sa solidité; il fallait
passer des heures et
des heures, quand ce
n'était pas des jours,
avec un matériel en-
core imparfaitement
étudié, pour repêcher
le bout qui s'était
cassé et le ramener
à bord, afin de le
sonder à nouveau à
ce qui restait dans
les cuves du navire
chargé de la pose. Le
18 août 1858, date à re-
tenir, le premier mes-
sage télégraphique
franchissait l'Atlan-
tique; la reine Vic-
toria envoyait des

L'APPAREIL DE DÉROULEMENT DU CABLE.

compliments au Président des États-Unis. Pendant deux mois les
messages continuèrent de se transmettre, et les commerçants se
réjouissaient déjà de ces facilités nouvelles de communication.
Mais le 20 octobre, les signaux télégraphiques ne passaient plus;
et, après bien des recherches, on s'apercevait que, par 2800 mètres
de profondeur, à 480 kilomètres de la côte irlandaise, le câble était
mis hors de service.

Cette expérience malheureuse ne découragea personne. Sur des
distances moindres, des câbles sous-marins furent rapidement
posés, notamment pour relier l'Angleterre avec Gibraltar, Malte,
Alexandrie. D'ailleurs, en 1865, on commença la pose d'un nouveau
câble transatlantique; et c'est à cette occasion que l'on mit à contri-

bution le fameux *Great Eastern*, l'immense vapeur dont nous avons
parlé, pour dire qu'il avait été un insuccès au point de vue de la
navigation maritime. C'est grâce au *Great Eastern* que la pose du
nouveau câble fut exécutée rapidement. Depuis lors, les communications télégraphiques sous-marines entre l'Europe et les États-Unis
n'ont jamais cessé; elles ont à leur disposition, ainsi que nous le
disions en commençant, une série de câbles placés presque parallèlement par diverses compagnies ou par divers États.

Nous sommes loin de ces débuts de la télégraphie sous-marine;
les procédés ont été améliorés. Mais, toujours au centre des câbles,
on trouve une âme en cuivre entourée de plusieurs couches de
gutta-percha; par-dessus est un matelas en jute, et autour de ce
matelas sont les fils de l'armature; fils qui ne sont plus maintenant
en fer, mais en acier. Pour les parties des câbles avoisinant les
côtes, câbles d'atterrissage, on dispose deux armatures métalliques;
de la sorte on arrive à ce que parfois un câble sous-marin pèse
jusqu'à 18 tonnes par mille marin de 1 852 mètres. Souvent ces
câbles sont posés par des fonds de plus de 6 000 mètres. Quand le
câble est terminé, avant de le livrer au navire qui ira le poser, on
procède à des essais électriques, de même que pendant la fabrica-

DÉROULEMENT DU CABLE A LA POSE.

tion, pour s'assurer que la communication des signaux par le courant sera excellente, une fois le câble posé à l'eau. Dès qu'on le
charge à bord du bateau qui le posera, on l'enroule dans d'immenses

cuves métalliques remplies elles-mêmes d'eau; cela le protège le mieux possible.

Les navires poseurs de câbles sont de type absolument spécial, et

JONCTION DU CABLE SOUS-MARIN AVEC LES LIGNES TERRESTRES.

l'on en fait maintenant de très grandes dimensions; certains d'entre eux atteignent 160 mètres de long pour 18 mètres de large : ces grandes dimensions s'expliquent par la nécessité où le navire est de pouvoir résister à la violence de la mer, quand il a commencé de poser le câble, qu'il est pour ainsi dire obligé de continuer l'opération quel que soit le temps. Il aurait bien la ressource de couper ce câble, après avoir amarré le bout à une bouée qui repérerait la position exacte; quand le mauvais temps serait passé, il reviendrait, retirerait le bout du câble du fond de l'eau; mais tout cela retarde considérablement l'opération définitive et augmente les dépenses.

Du reste la recherche d'un bout de câble, même rattaché à une bouée, est chose très délicate, parce que les courants très souvent déplacent de façon considérable les bouées. Les proportions des navires poseurs de câbles sont aussi nécessitées par le poids du câble qu'ils emportent dans leurs cuves. A l'avant de ces navires « câbliers » se trouve une machine dite machine de pose; c'est une sorte de grand treuil portant des tambours où le câble vient s'enrouler; le mouvement du treuil fait sortir le câble des cuves où il était enroulé, et le laisse ensuite descendre peu à peu à l'eau;

son poids suffit pour lui faire atteindre le fond; il faut, bien
entendu, que l'opération se fasse à une vitesse convenable. Le
navire possède un véritable laboratoire électrique, dans lequel se
tiennent constamment des électriciens; par le câble déjà posé, qui
est immédiatement relié à un poste à terre quand on place le câble
d'atterrissage, ces électriciens du laboratoire se tiennent constamment en relation avec le continent, et peuvent constater si le câble
fonctionne bien, si les signaux leur parviennent. Le câble d'atterrissage, partout où il ne se trouve pas par grande profondeur, se pose
au milieu de roches, de sables qui découvrent à marée basse; aussi
est-il enfermé dans une tranchée que l'on creuse profondément;
cela le préserve des courants, du contact des galets, des rochers
que la mer ne se fait pas faute de remuer constamment sur la plage,
et qui useraient rapidement le câble côtier.

Nous avons laissé entendre tout à l'heure que les opérations de
pose d'un câble sous-marin présentent de réelles difficultés, et
donnent lieu souvent à des incidents qui prolongent le travail. Le
câble, même une fois posé, est exposé lui aussi à bien des accidents. En dépit de l'armature en fils métalliques dont il est entouré,
si des courants le promènent sur les roches du fond, il y a beaucoup de chances pour que l'armature soit détruite, et qu'ensuite
les enveloppes protectrices ne jouent plus leur rôle, qu'il se produise une perte de courant. Il y a également à craindre les tremblements de terre qui peuvent rompre le câble; les bancs de vase
ou de sable qui peuvent venir l'enterrer et peser sur lui de façon
dangereuse.

Une foule d'animaux marins essaient, tant qu'ils le peuvent, de
pénétrer l'armature métallique et d'atteindre la couche de jute et de
gutta-percha; il faut compter avec eux, et il est bien difficile de pré-
venir leurs attaques. Il faut compter également avec les hommes,
dans la partie des câbles qui ne se trouvent pas à très grande profondeur, qu'il s'agisse de câbles d'atterrissage, ou que ce soit des
câbles posés dans des bras de mer naturellement peu profonds.
Trop souvent l'ancre jetée à la mer pour assurer l'immobilité du
bateau, viendra rencontrer le câble sous-marin; et, sous l'influence
du navire poussé par le courant, il s'exercera sur le câble une
traction menaçant de le casser ou au moins de rompre l'armature
métallique.

On a vu parfois des baleines se prendre dans un câble sous-marin,
y étouffer d'ailleurs, mais causer une rupture qui a coûté cher à la
compagnie. Parfois aussi, sous l'influence des tremblements de
terre, de courants, etc., le câble formera des nœuds, qui toujours
entraîneront une avarie grave. On doit alors faire intervenir le
navire poseur, qui va, grâce à des opérations électriques desquelles
nous ne pouvons rien dire, rechercher approximativement le point

de la « faute »; il sera obligé de draguer le fond de la mer pendant des journées avec des grappins spéciaux, et de relever le câble là où la faute existe, ou un des bouts du câble si une véritable fracture s'est faite. Il faudra procéder à un véritable raccommodage en pleine mer; soit qu'on enlève du câble la longueur qui est devenue mauvaise, pour la remplacer par un nouveau tronçon de bonne qualité; soit qu'il faille rapprocher les deux bouts du câble rompu et rétablir la continuité de la communication électrique. Sans doute ces opérations sont-elles difficiles, coûteuses; mais on peut dire qu'aujourd'hui on vient toujours à bout de la difficulté assez rapidement; que, assez rapidement aussi, les communications précieuses de la télégraphie électrique sont rétablies sur des milliers de kilomètres de distance à travers l'étendue de l'eau.

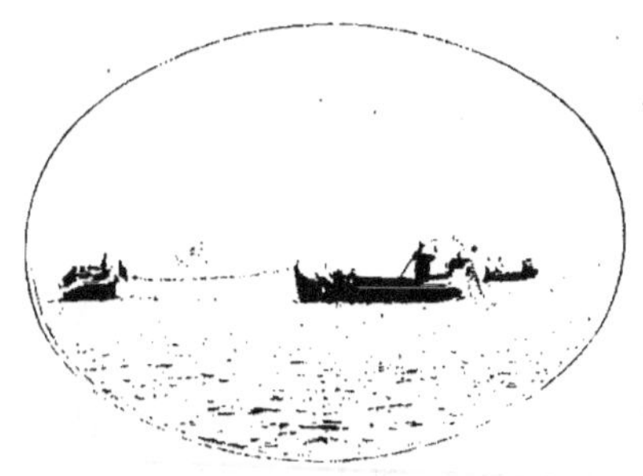

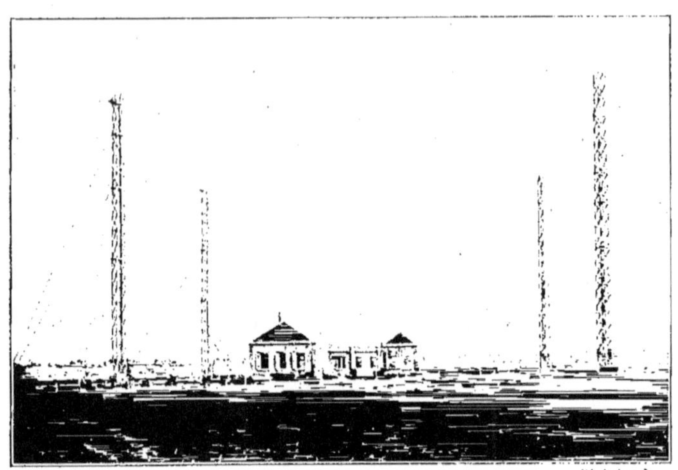

LA STATION RADIO-TÉLÉGRAPHIQUE DE BOULOGNE-SUR-MER.

CHAPITRE XXIII

LA TÉLÉGRAPHIE SANS FIL
LA SUPPRESSION DE L'ISOLEMENT
A LA MER

o   o   o

Nous avons, à plusieurs reprises, fait allusion à cette télégraphie sans fil, qui est une des merveilles de la science électrique moderne, et qui permet d'échanger des pensées à travers une immense étendue d'eau, entre deux points mobiles, puisqu'elle ne réclame pas de conducteurs pour donner passage au courant électrique. Quels que soient les services rendus jadis, et ceux que rendront encore pendant bien longtemps ces câbles sous-marins dont nous venons de dire merveille, il est bien assuré qu'ils n'ont rien de comparable à la télégraphie sans fil, à la radiotélégraphie, tout particulièrement pour certains cas de la vie maritime. La télégraphie sans fil est venue donner à l'homme un sentiment encore plus net de la victoire qu'il a remportée sur la mer. On a jadis considéré comme un triomphe l'invention de la télégraphie optique, et en par-

ticulier de cette forme d'envoi des signaux à distance qui s'utilise
pour les sémaphores au bord de la mer. Mais, en dépit de l'usage
des longues-vues, ces signaux ne sont visibles qu'à une distance
relativement bien faible. Il n'est pas possible, d'autre part, cela va
de soi, qu'un bateau qui part du port déroule derrière lui un câble
ou un fil suffisamment résistant, pour lui permettre, à très grande
distance, de demeurer en relations télégraphiques avec le port.

Pour avoir des nouvelles, souvent vieilles de bien des jours, pour
pouvoir en donner, pour demander du secours, il fallait avoir la
chance de rencontrer quelque autre navire sur sa route, et passant
à une distance telle qu'on pût communiquer avec lui. Aujourd'hui,
tout cela est changé. Un de ces grands transatlantiques que nous
avons admirés, grâce au poste de télégraphie sans fil qu'il possède à son bord, demeurera constamment en communication avec
l'un ou l'autre continent : quand il commencera à être trop loin
d'Europe pour recevoir les dépêches lancées à travers l'espace par
un poste du littoral européen, ou par les postes à grande portée de
la France, de l'Allemagne, de l'Angleterre, il aura déjà commencé à
recevoir des nouvelles ou messages de quelque poste de l'Amérique.

On peut dire que quotidiennement des preuves sont données de
cette portée formidable des messages de radiotélégraphie. Tel vapeur
partant de Brême, par exemple, est encore, huit jours après son
départ, en communication avec une des stations du littoral allemand, et échange des télégrammes à une distance de quelque
2 250 milles marins. Il est curieux de voir des bateaux faisant la
traversée d'Europe en Amérique, au milieu du passage, communiquer à la fois, pendant deux journées, avec les deux continents.
Dans ces conditions, on comprend combien il est facile, dans les
journaux qui sont publiés à bord des transatlantiques, de donner
les nouvelles, de signaler les événements qui sont annoncés le jour
même dans les journaux du continent; grâce à cette merveille, les
passagers peuvent recevoir des télégrammes des amis ou parents
demeurés à terre, se tenir au courant de leur santé, donner des nouvelles de la leur.

Ce qui est encore bien plus important, c'est que cette suppression
de l'isolement donne une sécurité extraordinaire à la navigation. S'il
survient un événement, on peut immédiatement signaler la situation
dans laquelle on se trouve en un point de l'océan, où l'on attend du
secours. Sans doute, ce sera souvent loin des côtes; et il est des cas
où un navire sauveteur ne pourra pas atteindre le bateau menacé
d'un danger. Mais il ne faut pas oublier que ce navire en danger a pu
communiquer tout autour de lui les messages d'appel. Son cri d'inquiétude aura été entendu certainement à son passage, par la radiotélégraphie de quelque autre navire, plus ou moins en mesure de
l'atteindre; et celui-ci, en toute hâte, lui apportera le secours

MATS PORTE-ANTENNES.

attendu. De multiples exemples ont été donnés déjà des résultats précieux, en 'cette matière, de la radiotélégraphie. Probablement pensera-t-on à la perte du *Titanic*; et l'on se dira que la radiotélégraphie n'a pas suffi à éviter la catastrophe. Mais il faut songer que du moins ceux des passagers et de l'équipage qui avaient pu s'embarquer dans les canots ont été sauvés par un navire, le *Carpathia*, prévenu par la télégraphie sans fil. N'oublions pas que c'est grâce à la télégraphie sans fil que 513 personnes ont pu être sauvées lors de l'incendie, en plein océan, du *Volturno*, le 10 octobre 1913. Aux appels de détresse de ce transatlantique, onze navires étaient accourus à toute vapeur, et si l'on a eu à déplorer la mort de 140 personnes, c'est que la tempête qui faisait furie ne permettait pas aux canots de sauvetage de prendre la mer, et surtout d'approcher du navire en flammes.

Nous n'avons pas à rappeler que le poste de la Tour Eiffel communique à des distances de 5 000 kilomètres, et que ses messages peuvent franchir l'océan pour arriver aux postes de télégraphie sans fil du Canada. Déjà, sur le littoral français, il existe toute une série de postes qui n'ont pas des ambitions aussi grandes, mais qui fournissent aux navires circulant à des centaines de kilomètres de la côte des moyens de communiquer. Normalement, un paquebot doté d'un

poste radiotélégraphique et portant entre ses deux mâts les fameuses
antennes, les fils métalliques tendus entre l'extrémité de ces mâts,
peut envoyer des dépêches dans un rayon d'au moins 300 kilomètres; souvent cette portée est beaucoup plus grande. La télégraphie sans fil d'autre part, par les messages quotidiens qui sont
envoyés par la poste de la Tour Eiffel, permet aux bateaux en pleine
mer de recevoir l'heure exacte du méridien de Paris; nous avons
expliqué comment cette heure est indispensable pour faire le point.
Des messages également avertissent des phénomènes météorologiques à redouter.

Il ne faudrait pas oublier non plus que les signaux de la télégraphie sans fil, les ondes hertziennes viennent compléter de façon
vraiment merveilleuse ce qu'on appelle le balisage des côtes, le
réseau des phares. Nous en trouvons une première preuve dans
les installations de ce bateau-feu qu'on vient de mettre en service
dans la rade du Havre. Il ne se contente pas de porter une sirène
de brume lançant un signal acoustique, dès que la visibilité des
côtes et du bateau lui-même diminue à cause du brouillard; non
seulement il porte une cloche sous-marine, sorte de signal acoustique nouveau, dont
les vibrations se trans-
mettent par l'eau jus-
qu'au téléphone ins-
tallé dans la coque
des bateaux bien amé-
nagés; mais encore il
lance un signal hert-
zien, destiné à être
reçu par les bateaux,
trop peu nombreux
encore, portant des
appareils destinés à
recevoir ce signal de
direction. Les ondes
hertziennes envoyées
régulièrement par le
poste du bateau-feu
le Havre émettent un
signal de l'alphabet
Morse correspondant
à la lettre H; ce si-
gnal se répand pour
ainsi dire dans un
rayon d'une trentaine
de milles pendant le

CL. *Topical.*

POSTE RADIOTÉLÉGRAPHIQUE A BORD D'UN PAQUEBOT.

jour; pendant la nuit, la portée est double. Les navires peuvent avoir à bord un appareil spécial grâce auquel on reconnaît la direction d'où part le signal, par conséquent localiser la position du bateau-feu ou leur propre position par rapport à ce bateau. Cela est absolument effectif dans une obscurité complète au milieu d'un brouillard à couper au couteau, comme on dit familièrement, alors que ni la sirène, ni la cloche, ni le feu lui-même ne seraient utilisables. On comprend les avantages de ces signaux hertziens que l'on appelle pittoresquement des phares radio-électriques : on en a installé sur les côtes de France, notamment dans l'île d'Ouessant, et dans l'île de Sein. Dès maintenant, et bien que des améliorations soient certainement à espérer, grâce notamment à un appareil imaginé par MM. Bellini et Tosi, un navire peut relever la direction d'un poste de télégraphie sans fil, qui lui est absolument invisible, aussi facilement qu'il relèverait la direction d'un feu visible. C'est comme une nouvelle boussole qui lui est fournie par la science moderne; boussole qui a cette supériorité sur les boussoles classiques, qu'elle donne une foule de directions variées.

Nous n'avons pas à insister sur la sécurité nouvelle que cela vient assurer aux navires près du littoral.

UN GÉANT DU XVIIᵉ SIÈCLE : « LE SOLEIL ROYAL ».

CHAPITRE XXIV

LA TRAVERSÉE DES MERS
DE L'AVENIR

o   o   o

Depuis l'époque lointaine où nous avons vu l'homme inventer les premiers bateaux, pour se hasarder sur la nappe d'eau qui offrait à lui sa vaste étendue, des progrès constants ont été faits par cet homme, grâce aux inventions qu'il a menées à bien. Il est parvenu, non pas seulement à naviguer le long des côtes, mais à traverser l'immense étendue des mers; d'abord des mers intérieures, puis des océans. C'est d'ailleurs depuis le commencement du XIXᵉ siècle, depuis qu'il a eu à sa disposition la machine à vapeur pour actionner ses bateaux, que les progrès ont été le plus rapides et le plus caractéristiques. Nous avons vu où il en est arrivé : des bateaux formidables qui auront demain 300 mètres de long, qui peuvent porter la population d'une ville véritable, et où il a fallu accumuler les chevaux-vapeur qui remplacent avec un étrange avantage les bras de l'homme actionnant les avirons de jadis, qui assurent même une supériorité précieuse sur la voile; voile qui, à une certaine époque, fut une merveilleuse invention. Comme nous sommes loin, avec ces géants, de ce *Soleil Royal*, navire de guerre il est vrai, dont on était si fier vers le milieu du XVIIe siècle pour ses proportions imposantes, pour les dimensions de sa mâture, la surface de sa voilure et le reste !

Dans quelques années, on aura trouvé mieux encore ; mais nous ne croyons vraiment pas que cela doive se présenter sous la forme pittoresque qu'un humoriste a imaginée dans le dessin que nous mettons sous les yeux du lecteur ; un immense navire ne se contentant pas de porter la population d'une ville de 4 500 habitants, mais leur offrant, sur son pont, des maisons au grand air, une église, une mairie, caractéristique d'une agglomération à terre. Ce qui est certain du moins c'est que des techniciens, il n'y a pas longtemps, ont affirmé qu'on pourrait arriver à voir, avant une vingtaine d'années, des bateaux de 360 mètres de longueur traverser l'Atlantique à une allure de 35 nœuds. Elle serait vertigineuse pour un bateau destiné à porter de la cargaison, même des passagers ; elle n'est pratique, à l'heure actuelle, que pour les navires de guerre, qui se transportent pour ainsi dire seuls avec un équipage relativement réduit, une charge constituée de leurs canons, de leur cuirassement. Il n'est vraiment pas impossible pourtant qu'on arrive à cette allure, même pour les navires de commerce, si l'on adopte pour la coque du métal léger et résistant, de l'acier additionné de nickel. Ceux qui ont prévu ce navire affirment qu'il aura 38 mètres de large, quelque 25 mètres de creux, et un tirant d'eau de plus de 12 mètres. Un bateau de cette espèce aurait un déplacement, un poids de 75 000 tonnes métriques, et un tonnage de plus de 67 000 tonneaux de jauge. Il pourrait transporter 6 700 passagers. Il lui faudrait d'ailleurs, pour arriver à la vitesse de 35 nœuds dont nous venons de parler, avoir dans ses flancs des machines représentant une puissance formidable de 170 000 chevaux-vapeur. Il faudrait une transformation dans les machines motrices, pour pouvoir loger, même dans les flancs d'un pareil monstre, les machines représentant semblable puissance. On a estimé qu'un navire de cette sorte coûterait 80 millions de francs.

Il ne semble pas qu'on en soit encore là ; mais il faut songer qu'on envisage ce projet comme pouvant se réaliser seulement dans une vingtaine d'années. Or un simple regard en arrière nous montrerait les progrès extraordinaires que l'homme a faits pour triompher de la mer, au point de vue des transports, depuis vingt ans environ. Ces immenses étendues d'eau qui paraissaient s'opposer à la communication des peuples vivants de l'autre côté des lacs marins, sont maintenant sillonnées de bateaux qui partent et arrivent avec une régularité extraordinaire, presque comme les trains de chemins de fer ; la régularité est telle qu'un retard de deux ou trois heures dans l'arrivée d'un transatlantique jette l'inquiétude; on estime qu'il faut un événement tout à fait exceptionnel pour avoir retardé le géant dans sa marche. L'homme, triomphateur de la mer, a su lui donner presque tout ce qu'il faut pour transformer en une grande route constamment fréquentée par des milliers de passagers, par des millions de tonnes de marchandises, ce qui autrefois était l'espace mystérieux au delà duquel on ne pouvait guère se transporter. A ceux qui trouvent ridicules, impossibles à réaliser ces prévisions d'un bateau de 360 ou de 400 mètres de long, filant 35 nœuds, il est bon de rappeler l'histoire du *Great Eastern* et de Brunel, quelque peu considéré comme un fou, parce qu'il avait construit un bateau dont la machine représentait 8 000 chevaux de puissance. Or, on se rappelle que,

UNE CONCEPTION NOUVELLE DE LA VILLE FLOTTANTE.

depuis plusieurs années, nous avons le *Mauretania* et le *Lusitania*, dont la machinerie représente près de 70 000 chevaux.

On pourrait toutefois se demander si, en présence des progrès de toute sorte qui se font, notamment en matière d'aviation et d'aérostation, sous la forme des ballons dirigeables, on demeurera toujours fidèle aux bateaux, qui ont notamment le tort d'exposer les passagers au terrible mal de mer et aux violences des vagues. Et le fait est que certaines gens ont dressé des projets, fait des tentatives de traversée de l'Atlantique par ballon dirigeable. Sans doute, pour ce qui est des aéroplanes, on a inventé les hydroaéroplanes, qui peuvent descendre sur l'eau, au cas où le moteur ne marcherait plus; mais cette prise de contact avec la mer est possible quand la tempête ne règne pas; autrement la violence des vagues aurait bientôt fait de démolir complètement l'appareil. Quant aux ballons dirigeables, ils sont, actuellement au moins, hors d'état d'emporter l'essence, l'huile et les vivres nécessaires pour un parcours comparable à celui de la traversée de l'Atlantique, qui leur demanderait certainement cinq jours. Les dirigeables que l'on construit seraient arrêtés par cette question des approvisionnements. Il faut songer au mauvais temps, dans l'air comme sur la mer. Et sans vouloir se hasarder par trop aux prédictions, on peut bien admettre que, longtemps encore, l'homme désireux de traverser les mers, d'entretenir des relations avec ses pareils de l'autre côté des océans, sera obligé de se confier à des navires qui sans doute se perfectionneront encore.

www.ingramcontent.com/pod-product-compliance
Lightning Source LLC
Chambersburg PA
CBHW051535050726

47595CB00002B/509